民族文字出版专项资金资助项目
青藏高原特色作物绿色种植技术（汉藏对照

ལི་གྲོ་ལྗང་མདོག་འདེབས་འཛུགས་ལག་རྩལ།

藜麦绿色种植技术

《藜麦绿色种植技术》编委会　编

《ལི་གྲོ་ལྗང་མདོག་འདེབས་འཛུགས་ལག་རྩལ》རྩོམ་སྒྲིག་ཨུ་ཡོན་ལྷན་ཁང་གིས་བསྒྲིགས།

东旦多杰　译

བདུད་འདུལ་རྡོ་རྗེས་བསྒྱུར།

青海人民出版社

图书在版编目（CIP）数据

藜麦绿色种植技术：汉藏对照 /《藜麦绿色种植技术》编委会编；东旦多杰译 . -- 西宁：青海人民出版社，2024.7
（青藏高原特色作物绿色种植技术）
ISBN 978-7-225-06724-7

Ⅰ . ①藜… Ⅱ . ①藜… ②东… Ⅲ . ①麦类作物—栽培技术—无污染技术—汉、藏 Ⅳ . ① S512.9

中国国家版本馆 CIP 数据核字（2024）第 078178 号

青藏高原特色作物绿色种植技术

藜麦绿色种植技术（汉藏对照）

《藜麦绿色种植技术》编委会　编

东旦多杰　译

出 版 人　樊原成
出版发行　青海人民出版社有限责任公司
西宁市五四西路 71 号　邮政编码：810023　电话：（0971）6143426（总编室）
发行热线　（0971）6143516/6137730
网　　址　http://www.qhrmcbs.com
印　　刷　青海雅丰彩色印刷有限责任公司
经　　销　新华书店
开　　本　890mm × 1240mm　1/32
印　　张　4.5
字　　数　90 千
版　　次　2024 年 7 月第 1 版　2024 年 7 月第 1 次印刷
书　　号　ISBN 978-7-225-06724-7
定　　价　25.00 元

《藜麦绿色种植技术》编委会

主　　编：胡小朋　张晓梅

副 主 编：李雪洁　段　伟

编写人员：王　蓉　王　新　王泽荣

李国钧　路　莹

《ལི་གྲོ་ལྷང་མདོག་འདེབས་འཇུགས་ལག་རྒྱལ》

རྩོམ་སྒྲིག་ཞུ་ཡོན་ལྷན་ཁང་།

གཙོ་སྒྲིག་པ། ཧུའུ་ཞའོ་ཕུན། ཀྲང་ཞའོ་མེ།

གཙོ་སྒྲིག་གཞོན་པ། ལི་ཞུའེ་ཅེ། དོན་ལྷེ།

རྩོམ་འབྲི་མི་སྣ། ཕང་རོང་། ཕང་ཞིན། ཕང་ཙི་རོང་།

ལི་ཀོ་ཅིན། ལིའུ་ཡིང་།

目　录

MU　LU

དཀར་ཆག

第一章　概　　述

第一节　藜麦的栽培史

藜麦原产地在南美洲安第斯山区，起源于秘鲁和玻利维亚的的喀喀湖周边地区。藜麦的种植历史已经有5000多年，主要生产国为玻利维亚、厄瓜多尔和秘鲁。藜麦曾在前哥伦布文明时得到栽培和使用，那时是当地的一种主粮，但在西班牙人到来后则被谷物所取代。在公元前3000 ~ 5000年间美洲人就已驯化了藜麦。在智利的塔拉帕卡、卡拉马、阿里卡墓穴和秘鲁不同地区的考古中曾发现过藜麦。

藜麦的大规模商业化栽培最早在北美开展，可以追溯到1983年的美国科罗拉多地区，之后发展到华盛顿北部和新墨西哥州北部，这些都是海拔较高的地区。到了20世纪80年代后期，加拿大也开始尝试商业化种植藜麦。随后，欧洲的英国、丹麦、荷兰、瑞典、法国、意大利等国也纷纷开始试种。起步较晚的是亚洲和非洲，印度是亚洲试种藜麦较早的国家，在20世纪80年代已在印度北部、喜马拉雅山区开展藜麦试种。

20世纪80年代藜麦在中国开始栽培，1978年，西藏农牧学院和西藏农科院把藜麦引进青藏高原，进行试验研究。1992—1993年，西藏境内小面积种植取得成功。21世纪初，在青海柴达木盆地一带种植成功，随后在海北藏族自治州、海南藏族自治州等地相继种植。2010 年前后，藜麦在山西、甘肃等地也开始规模化种植。

第二节　藜麦在农业经济中的地位

藜麦对土壤和气候条件的适应性非常广泛，随着藜麦从安第斯山区走向世界，其种植范围不断扩大。藜麦具有非常高的营养价值，蛋白质含量在 16% 左右，高于水稻和玉米，与小麦相当，具有丰富的必需氨基酸，且比例均衡，易被人体吸收。同时还富含维生素 B、维生素 C、维生素 E 和矿物质，以及皂苷、多糖、黄酮等物质。除了含有丰富的营养价值外，藜麦在保证粮食安全方面也具有重要的意义。因此，藜麦将作为补充粮食作物，尤其在缓解大豆需求方面具有重要的意义。

藜麦作为一种小宗作物，对不同的农业生态区有良好的适应性，它可以在营养缺乏的边际土地生长，可适应的土壤酸碱度范围为 pH 6 ~ 8.5，对于恶劣霜冻、长期干旱、盐碱及较强的太阳辐射等均有一定的耐受性。藜麦属于优良的盐生经济作物，对于盐碱地的生物改良具有不可估量的作用。因此，藜麦对农业生态系统的可持续发展具有十分重要的意义。

藜麦的种植方法简单，田间管理也比较方便，是农民们种植经济作物的首要选择。目前，在国内各地都已经开始广泛种植，有效推动了我国藜麦产业的创新发展进程，同时对调整种植业结构、带动贫困地区脱贫致富具有重要的意义。

藜麦常常在高海拔的一些农牧交错区域种植，由于能够与当地马铃薯等主要作物轮作倒茬，因此不仅对优化产业种植结构、提高农业经济效益，而且对减少作物病虫害的发生具有重要意义。

随着人民生活物质水平的提高以及健康理念的转变，藜麦产业也得到了迅速发展，其在食品行业以及畜禽行业的发展前景也越来越广阔。同时，通过加快藜麦品种培育和生产加工设备研发，对丰富产品种类和在“调结构，转方式，保增收”的农业政策落实中也发挥着重要的作用。

第三节　藜麦的种植现状

目前，藜麦在西藏、青海、甘肃、山西、河北、河南、山东、云南、内蒙古、四川、广东、吉林等地均有种植。据不完全统计，2015 年仅山西、青海、河北、甘肃 4 个省的种植面积就达近 4 万亩。2017 年，全国藜麦种植面积约 4.3 万亩，产量约为 9820 吨。其中，山西是我国藜麦种植最大省份，种植面积达 2.25 万亩。

2015 年，长春市双阳区、吉林市永吉县、白山市临江市的藜麦种植面积达 1 万亩。吉林省成为国内第二大藜麦种植省份，藜麦种植面积约为 0.1 万亩。山西省的藜麦栽培育种研究多由企业牵头开展，农业科研院所和实验站，经过多年的研究，山西省在藜麦播种、田间管理及收获方面总结了较多的生产实践经验，同时筛选获得了早熟型和晚熟型藜麦品系。

吉林博大东方藜麦发展有限公司与中国农业科学院作物科学研究所，引进国内外藜麦资源 100 余份，在长春建立了藜麦品种选育基地。2015 年 8 月，该公司与中国作物学会藜麦分会成功承办了“首届中国藜麦产业（长春）高峰论坛”，有力地促进了吉林省乃至全国藜麦种植业的发展。

甘肃省是较早开展藜麦引种试种研究的省份之一。2010年，甘肃省农业科学院畜草与绿色农业研究所从玻利维亚引进藜麦品种进行试种，并于2011年和2012年在永靖地区开展品种比较试验，筛选出优良的藜麦材料。筛选出的材料于2013年和2014年参加了甘肃省农作物品种审定委员会组织的区域试验和生产试验，认定陇藜1号。这也是我国首个正式认定登记的藜麦品种。

河北省藜麦产业发展起步较晚。张家口市农业科学院于2013年引进了4份山西省静乐县藜麦材料进行试种。2014年，该院在张北县建立藜麦育种基地，选育出了230多份不同类型资源，筛选出8份生长整齐、颜色一致的材料，其中有6份材料参加了2014年度河北省区域适应性试验，平均产量在200千克/亩以上。张家口市农业科学院与河北省蔚县农机公司共同研究开发了藜麦专用播种机，同时开展了栽培密度、施肥、播种模式等藜麦栽培技术研究。2015年，张家口市农业科学院成立了藜麦研究所，这也是我国目前唯一的专业性藜麦研究所。

西藏自治区在20世纪90年代对藜麦进行了较多的研究，已经选育出十余份藜麦品系。内蒙古农业大学于1988年引进藜麦，1992年开展了藜麦生物学特性和丰产栽培技术研究。同时，内蒙古益稷生物科技有限公司于2015年在呼和浩特市周边种植藜麦约300亩。四川省于2015年在成都市的龙泉驿区和金堂县以及西昌市的美姑县和盐源县进行小面积种植试验，确定了成都地区的最佳播期为3月上旬，金堂县试种地平均产量为210千克/亩，龙泉驿区平均产量为195千克/亩。近两年，在山东高密、山东诸城、江苏南京、安徽合肥和贵州贵阳等地也进行了藜麦试种。

青海省从2010年开始引进试种，2013年，青海省民和县引进美国藜麦品种开展试种评价。2014年，青海省海西蒙古族藏族自治州的乌兰、德令哈和格尔木市开始较大面积的藜麦种植，总种植面积达 2250 亩，平均产量达 160 千克 / 亩，最高产量达 409 千克 / 亩。青海地区藜麦的主要种植区域在海西州乌兰县、德令哈市周边、格尔木市周边，西宁有小面积种植。藜麦主要生产基地为青海省海西州的河西农场、诺木洪农场、大格拉乡。青海地区种植的藜麦具有颗粒大、颜色白、品种好等特点。

第四节　藜麦产地环境

1988 年，藜麦的发掘者之一，美国人郭瑞达·史蒂文（StephenL. Gorad）博士将藜麦推荐给正在墨西哥研修的西藏自治区农牧科学院的贡布扎西博士，他从此带领团队对藜麦进行了长达 20 年的研究。至 1996 年，对藜麦在青藏高原生长后的植物适应性、生长规律、生物学特性、所含营养成分以及基因组学等有了系统的研究，和南美安第斯藜麦的生物学特征相比，在生态环境、气候和土质条件等方面，藜麦也完全适宜于青藏高原种植。

藜麦在原产地主要分布于南美安第斯山的玻利维亚、厄瓜多尔、秘鲁、智利等，具有耐寒、耐旱、耐瘠薄、耐盐碱等特性，是喜冷凉和高海拔的作物。其中白藜的种植要求海拔高度在 1500 ~ 3000 米，生长周期短；红藜和黑藜的种植海拔高度在 2800 ~ 4000 米，生长周期长，约为白藜的 1.5 倍。

中国最早引进藜麦的种植区域是在西藏高原，种植环境很适合藜麦的生长，营养相比其余地区也更丰富。青海海西州是青海主要的藜麦产地，因为其环境和藜麦原产地安第斯山十分相似，被认为国内最适合种植藜麦的地方。其中，青海海西州州府德令哈地处柴达木盆地东北部，其藜麦种植区域位于海拔 3000 米的高原盆地，年降水量在300毫米，这里因为远离了工业区，土壤原生态无污染，使得藜麦产品品质相对其他产区更加优质。

第五节　藜麦的发展现状

一、国外发展现状

随着全球藜麦栽培面积逐年扩大，美洲、欧洲和亚非地区已将藜麦作为“确保粮食安全的战略性作物”进行本土化开发。随着藜麦主食化和多样化发展，新的藜麦产品不断涌现，发达国家对于这种高蛋白、低热量、高生物活性物质食物的需求越来越大。

全球的藜麦原粮98%以上来自南美洲，由于需求强劲，2008年开始几乎每年都供不应求。然而，由于气候、地理生产条件等原因，藜麦原产地产量有限，2012年全球产量都不足10万吨，且90%被发达国家和地区购买。据统计，2010年国际市场消费排名前三为美国、加拿大、欧洲。2008年以前藜麦产量基本保持在5万吨左右，2009年以来全球藜麦种植面积及产量均有较大幅度的增长，到2013年全球藜麦产量增长至10.34万吨，2014年全球藜麦产量在11.46万吨左右。资料显示，1992—2012年全球藜麦贸易额由70万美元增加到了1.11亿美元，年均增长速率达28.8%。在2008—2012年，世界藜麦产量增加了约2.12倍，藜麦市场正处于上升阶段，上升空间和经济效益仍然巨大。

2013年，联合国粮农组织（FAO）研究认为，藜麦可正式推荐为最适宜人类的“全营养食品”，列为全球十大健康营养食品之一。其籽实具有较高的蛋白质、赖氨酸、不饱和脂肪酸、维生素和矿物质等营养成分，且富含的膳食纤维吸水能力强，摄食后具有饱腹感，可以减少进食量，适宜肥胖人群食用，长期食用藜麦，对改善心脏病和治疗高血压、高血糖、高血脂等有良好的促进作用。同时，还可以提高人体免疫力、平衡膳食营养、有利于减肥等。另外，藜麦具有较强的抗逆性，能够适应高寒、干旱和盐碱等恶劣环境，异地引种对于调整种植业结构具有较高的参考价值。从而对单一种植结构地区粮食产量提升及农田土壤改良具有重要的意义。

二、国内研究现状

进入 21 世纪后，受国际市场对藜麦研究与产业发展的影响，国内西藏、甘肃、山西、青海、河北、河南、山东等地均陆续开始引进试种，筛选出部分区域适应性较好的品种。

1. 藜麦适应性种植

作为一个新物种，藜麦从国外引进时间较短，1988 年才由西藏农牧学院和西藏农牧科学院联合首次引进。藜麦在西藏地区表现出很好的适应性，产量可达到 350 千克 / 亩。甘肃农科院按生态区域分别在宁县旱作区、永靖县半干旱区、康乐县高寒二阴区以及兰州灌溉区等地进行了藜麦引种实验，引进的 8 个品种在各生态区域都可结实且能成熟，最高产量达 345 千克 / 亩。2012—2014 年，闫书耀等在山西高寒地区进行了连续 3 年的藜麦引进试验，最高产量可达到 540 千克 / 亩。山西静乐县在 2012 年藜麦种植面积为 1300 亩，种植面积位居非原产地国家第二位，仅次于美国。李成祖等利用藜麦品种“GZ–3”和“GZ–5”在青海格尔木地区进行适应性种植，取得了 241.1 ～ 371.8 千克 / 亩的高产。周海涛等研究表明，藜麦在河北张家口地区生育期短，表现为早熟类型品种。参试品种“LM–4”产量达 242 千克 / 亩，显示出巨大的增产潜力。河南省安阳市农科院于 2013 年开始进行藜麦适应性栽培试验，引进的 11 份材料经过品比试验，结合不同海拔梯度和播期试验，筛选出 2 份综合性状较好的品种“安藜 3 号”和“安藜 4 号”。

2. 藜麦配套高产栽培技术

随着藜麦的价值在国内不断被认可，栽培范围逐渐扩大，其配套栽培技术措施也逐步进入研究阶段。目前研究表明，在不同区域进行高产栽培时，需要根据无霜期选择具有合适生育期的品种。藜麦播种前一次性施足底肥，土壤保证良好的墒情。播种层的土温稳定在 10℃以上时播种，采用撒播、条播、育苗移栽或穴播，播种深度在 2 ~ 3 厘米。保证苗期的土壤含水量是确保藜麦全苗的关键，始花期浇第二水，灌浆期浇第三次，水不宜太多，要适度。植株长到 10 ~ 15 厘米时开始间苗和第一次除草，在第二次中耕除草的同时对藜麦进行培土，防止倒伏。在藜麦种子进入蜡熟期时开始收获，种子收获后必须进行干燥处理。留种田一定要去杂去劣，种子晒干扬净，精心保存，严防霉变和发芽。

3. 藜麦耐盐性

藜麦对不同农业生态区有广泛的适应能力，在相对湿度 40% ~ 80%，温度 –4 ~ 38℃条件下均有生长，抗逆性强，被公认为已知的最抗盐的作物之一。袁俊杰等研究表明，盐胁迫对藜麦种子萌发的抑制作用，表现为种子的发芽势、发芽率、发芽指数的降低。随着盐浓度增加，幼苗叶片的超氧化物歧化酶（SOD）和过氧化物酶（POD）活性均呈先增加后降低的趋势，丙二醛（MDA）含量呈逐渐上升趋势。姜奇彦等对中国沿海地区新收集的金藜麦资源进行的耐盐性评价表明，金藜麦株高在盐溶液浓度增加至 1.2% 时仍不受影响，芽期和苗期都具有很强的耐盐性。

三、藜麦的市场现状

秘鲁国家统计局的数据显示，2015 年 1 ~ 5 月世界两大藜麦主产国秘鲁和玻利维亚的藜麦出口量分别为 12454 吨和 9248 吨，出口总值分别为 5220 万美元和 4710 万美元，两国藜麦出口单价折合约每公斤 4.58 美元。在美国亚马逊购物网站上，藜麦的销售价格普遍在每公斤 25 美元以上，且多为有机食品。

目前，我国藜麦原粮的收购价格每公斤 10 ~ 12 元，经加工后的藜麦米售价差异较大，每公斤在 30 ~ 200 元之间。作为藜麦的主要消费国家，美国的藜麦产品销售形式多样，电子商务和线下实体店同步发展。我国藜麦产品销售多以电子商务为主，其中淘宝是最主要的销售平台，京东和 1 号店等电商平台也有少量销售。

藜麦适宜在耐瘠薄、耐盐碱、耐干旱的高海拔地区种植。由于高海拔地区远离工业污染，可适于种植的品种有限，且土地利用率不高，病虫害极少，所以农药污染少，加上藜麦的外壳含有皂苷，可以天然抵御虫害的侵袭，不必施用农药，几乎是在纯生态的环境中生长，是难得的安全和健康食品。

四、藜麦的市场前景

1992—2012 年的 21 年间，全球藜麦贸易额由 70 万美元增加到了 1.11 亿美元,年均增长速率达 28.8%。1992—1996 年的 5 年间，世界藜麦总量的 56% 出口到了美国，而在 2008—2012 年的 5 年间，世界藜麦产量增加了约 2.12 倍，美国仍然保持着 56% 的进口总量，美国市场对藜麦的需求强劲。我国自 2008 年以来开始规模化生产藜麦，但目前尚未形成规模化的藜麦销售市场。2015 年全国的藜麦种植面积达 5 万亩，平均产量约 150 千克 / 亩，加工成藜麦米约 5000 吨，以每千克 120 元销售，产值约 6 亿元。

随着人民生活水平的提高和消费理念的转变，无污染、有利于健康的绿色有机食品越来越受到人们的青睐。藜麦本身具备的耐贫瘠、抗病虫害的生理特性，生长过程几乎不需要使用化肥农药，易于实现绿色有机认证。藜麦作为一种兼具营养与生态价值的作物，在“调结构，转方式，保增收”的农业政策落实中发挥重要作用。

第六节　藜麦的发展趋势

近年来，以美国为主的发达国家开始用藜麦替代大米、小麦等谷物类粮食，藜麦已成为欧美最时尚的自然健康食品。近两年来，中国的各大媒体争相报道藜麦，表示藜麦是符合安全、健康、营养、天然需求的食品。目前，已有多种藜麦面粉、藜麦烘焙类食品以及小食品进入市场。

美国国家航空航天局将藜麦列为人类未来移民外太空空间的理想“太空粮食”。藜麦功能性食品逐渐出现，已面世的有美国、澳大利亚和玻利维亚推出的藜麦功能饮料。在欧美国家，无面筋蛋白食物开始被推荐，藜麦作为无面筋全谷物主粮是这类食物最理想的原粮。化妆品也开始添加藜麦成分。市场调查显示，藜麦对肌肤早期缺乏营养、干燥、黯淡等均有着良好的修复作用。藜麦中含有多种对人体有益的物质，如酮类、皂苷类，已经有一些生物顶尖公司在提取类似物质用于药物和保健品。藜麦是全谷物全营养完全蛋白碱性食物。胚乳占种子的 68%，且具有营养活性，蛋白质含量高达 16% ~ 22%（牛肉 20%），品质与奶粉及肉类相当。

《黄帝内经》对食疗有非常卓越的理论，“谷肉果菜，食养尽之，无使过之，伤其正也”“空腹食之为食物，患者食之为药物”，这可称为最早的食疗原则。现代社会，环境压力致使生活不规律饮食失衡，高血压、高血糖、高血脂、肥胖、癌症、心血管病等现代病在中国比比皆是。世界卫生组织曾提出健康的四大基石：合理膳食、适量运动、戒烟限酒、心理平衡。由此可见，合理膳食是健康的第一步。藜麦的均衡全营养特性能补足体内缺乏的营养，不会导致肥胖，零胆固醇、高膳食纤维、高不饱和脂肪酸、低糖、低脂、低热量、丰富的维生素和有益化合物，这些都是现代病的克星和健康的助手。

藜麦是粮食作物中稀有的未进行人工遗传改良的古老物种，在大自然中按照生物自然的规律繁育了几千年，与人类形影相依共同进化，是纯净、天然、安全的食物之一。在大家追求天然和养生的热潮中，藜麦必然会被更多的人认知和喜欢。

藜麦是重要的出口商品，据不完全统计，国际上藜麦出口总量常年在万吨以上，按照藜麦单价 5 美元 / 千克左右，其贸易金额是比较客观的。同时，在一些在国际购物网站中所出售的藜麦深加工有机食品更是高达 25 美元 / 千克左右。藜麦一般原粮收购价格在 10 元 / 千克左右，而加工后的产品则表现出价格差异大的情况。近些年来，人们的生活物质水平不断提高，对于藜麦的营养价值认识也有了较大程度的提高，因此藜麦的市场前景也愈加广阔。

藜麦的蛋白质含量高于玉米、小麦和水稻等主粮，并且含有丰富的氨基酸，其中谷氨酸、精氨酸和天冬氨酸的含量最高。藜麦内含 9 种人类无法合成的必需氨基酸，配比合理，而赖氨酸这种限制性氨基酸含量高达 0.8%，优于传统谷物籽实中的含量。同时，藜麦籽实中含有对人体健康有益的不饱和脂肪酸，约占总脂肪含量的 85.25%，因此可替代油料作物。基于以上优良特质，藜麦已经在我国的食品行业作为一种特色杂粮有力地占据了市场，各种藜麦产品也不断涌现，比如藜麦片、藜麦糊、藜麦饼、藜麦面粉、藜麦面条、藜麦南瓜粥、藜麦饼干等众多产品。

第七节　青海省藜麦的发展优势

青海属于高原大陆性气候，具有气温低、昼夜温差大、降雨少而集中、日照长、太阳辐射强等特点。冬季严寒而漫长，夏季凉爽而短促。各地区气候有明显差异，东部湟水谷地，年平均气温在 2 ~ 9℃，无霜期为 100 ~ 200 天，年降水量为 250 ~ 550 毫米，主要集中于 7 ~ 9 月，热量水分条件皆能满足一熟作物的要求。柴达木盆地年平均温度 2 ~ 5℃，年降水量近 200 毫米，日照长达 3000 小时以上。东北部高山区和青南高原温度低，除祁连山、阿尔金山和江河源头以西的山地外，年降水量一般在 100 ~ 500 毫米。青海地处中纬度地带，太阳辐射强度大，光照时间长，年总辐射量每平方厘米可达 690.8 ~ 753.6 千焦耳，直接辐射量占辐射总量的 60% 以上，年绝对值超过 418.68 千焦耳，仅次于西藏，位居中国第二。

藜麦喜高海拔冷凉地区，青海省发展藜麦种植具有一定的优势。青海省的土壤富含多种矿物质对生产藜麦有较大的优势。青海降水相对较少、气候干燥，尤其在藜麦生长的后期，对藜麦的籽粒商品性有利，故青海藜麦具有籽粒饱满、光泽度佳、极少发芽、发霉粒少等特点。

青海的昼夜温差大，尤其是海西地区，有利于籽粒干物质积累，因此青海海西是各作物的高产区，藜麦也不例外。青海藜麦的千粒重高可达 4.0 ~ 5.09 克，多在 3.59 克以上，而其余地方种植的藜麦大多千粒重在 3.09 克左右。青海藜麦的淀粉含量、脂肪含量、粗纤维含量等均较高，其中淀粉含量在 46.59% ~ 58.93% 之间，脂肪含量在 4.70% ~ 7.06%，粗纤维含量在 1.73% ~ 15.24%，蛋白质含量在 11.97% ~ 16.72%，灰分含量在 0.47% ~ 1.21%。

藜麦的生长特性符合青海省气候及生态特性，尤其在一些气候干旱、土壤瘠薄的地区，与试种地方小杂粮相比具有较高的竞争优势，在青海省大部分地区推广试种藜麦，逐步形成完整产业链及具有地标特色的高档农产品，对提升青海省精品农业、提高农民收入具有一定的促进作用。

第二章　藜麦的特征

第一节　藜麦的形态特征

藜麦（*Chenopodium quinoa* Willd.）为苋科藜属一年生双子叶植物。在对干旱、盐碱地、寒冷、低氧和其他边缘环境的漫长适应过程中，形成了丰富的种质多样性。

一、根

藜麦为直根系，多分布在地表 15 ~ 35 厘米，主根可延伸至地表下 1.5 厘米左右，侧根发达，呈网状分布。

二、茎

藜麦茎直立，多分枝。主茎近地处为圆柱形，中上部及侧枝有条棱，茎绿色或有斑纹，籽粒成熟时茎叶显黄色、红色或紫色等，不同品种、不同环境条件下株高差异较大。分枝数目也因品种、环境以及播种密度而异。

三、叶

藜麦单叶，互生，绿色。植株基部叶为菱形或卵形，中部叶为戟形至宽戟形，上部叶为宽披针形，叶缘为不整齐锯齿状，嫩叶表面多覆盖蜡粉，叶背蜡粉较少，叶柄基部和叶脉常显红色，籽粒成熟时叶呈黄色、红色或紫色等。

四、花

藜麦为两性同花，萼片与花被退化，子房上位，花药 5 枚，黄色，自花授粉或常异花授粉。花序顶生，主茎顶生总状花序，一、二级侧枝顶生二歧聚伞状花序，三级侧枝顶生团伞状花序，花色有绿色、红色、紫色等。

1. 花序

藜麦花序呈圆锥形，分枝较多，花序长度 15 ～ 70 厘米，着生在植株顶部或基部叶腋处。藜麦有 1 主花枝，并着生二级至三级分枝，花序为有限生长型，两性花出现后分枝终止，花序生长主要是花茎的节间生长。三级短花枝上着生的一簇花称为小花球，二、三级分枝上着生有末端两性花。藜麦的一个重要特征是既有两性花又有雌性花，藜麦的花序形状一般有以下两类：苋属植物花序，花簇着生在次级枝上；团伞状花序，小花球着生在三级花枝上。藜麦花序的颜色根据基因型的不同而不同。种质资源中黄色花序最为常见（57%），其次为红色花序（32%），橘色、粉色和紫色花序不常见（各约 4%）。

2. 花及其类型

藜麦的花没有花瓣，有雌花和完全花。完全花有 5 个萼片、5 个花药及 1 个上位子房，子房上柱头有 2 或 3 个分枝等，也发现在雌蕊原基上有 4 个柱头分枝。然而，在开花期仅有 3 个柱头分枝，另一个败育。藜麦花据两性花或单雌花、花被的存在与缺失，以及大小可分为 5 种类型。

顶生两性花：顶生花，宽 2 毫米，存在于主花枝、基部花枝及侧花枝花序簇花中。

侧生两性花：分散在雌花及二歧聚伞花序的一级、二级，甚至三级花枝末端，这些花经常具有 5 个花被及雄蕊。

具花被大雌花：具 5 个花被，无雄蕊，大小为两性花一半（1

毫米）。

具花被小雌花：分布在二歧聚伞花序的终端分枝上，除了花较小外（0.5 毫米），形态学上与第三类花相似。

无花被小花：只有裸露的心皮，没有花被，存在于二歧聚伞花序的终端分枝上。

3. 花簇或花球

藜麦花簇中的花相互对生于三级花枝，呈二歧聚伞形。二歧聚伞花序对称分布，以两性花的出现而终止。花枝上花簇的位置决定了其大小、数量及不同类型花所占比例。据二歧聚伞花序数目及相连侧枝花的种类和数目可以分为 10 种类型。

五、果实

藜麦果实的形状为圆柱形、圆锥形或椭圆形，直径 1.8 ~ 2.6 毫米。果皮富含苦味皂苷，成熟时果穗呈黄色、红色、粉色和紫色等。果实为瘦果，由外到内分别为花被、果皮及种皮。

六、种子

藜麦种子发芽快，暴露在潮湿环境中数小时即可发芽，直径 1.5 ~ 2.2 毫米，千粒质量 1.5 ~ 4.5 克，形状有球形、圆柱形、圆锥形和椭圆形，颜色有黑色、浅黄色和白色。藜麦种子无休眠期，发芽快，为果皮残留皂苷所致，使用前淘洗即可去除。

七、生育期

藜麦生育期一般为 85 ~ 150 天，与品种类型、气候条件、播种时间及栽培条件等有关，栽培一般要求无霜期 100 天以上。

发芽期：播种后至子叶展开一般需 3 天左右。

幼苗期：子叶展开至花蕾初现一般需 35 天左右，以营养生长为主，同时进行花芽分化。

孕穗期：花蕾初现至开花初始一般需 15 天左右，为藜麦生长发育临界期。

抽穗开花期：开花初始至开花结束一般需 30 天左右，在抽穗与开花生殖生长的同时，营养生长也较快。

灌浆成熟期：开花结束至籽粒成熟一般需 40 天左右。

第二节　藜麦的化学特性

藜麦被称为“假谷物”，种子养分储藏在外胚乳、胚和胚乳三个区域，富含优质的蛋白质、淀粉、脂肪、矿物质、维生素等，营养价值远高于其他谷物，对于维持人类的身体健康具有十分重要的作用。藜麦不仅富含优质蛋白质、多糖和不饱和脂肪酸等宏量营养素，还含有维生素、矿物质等微量营养素；另外，核黄素、叶酸和钙、镁、铁、锌等含量也高于其他谷物。同时，还含有多种植物化学物质，包括皂苷、多酚类、黄酮类、甜菜碱、植物甾醇等，被誉为“全营养食品”。

一、营养成分

1. 淀粉

淀粉是藜麦的主要成分，其含量占干物质总量的 50% 以上，所以藜麦粉的性质在很大程度上取决于藜麦淀粉的组成和性质。藜麦淀粉粒度小，直链淀粉与支链淀粉的比例为 1 ∶ 3，支链淀粉具有大量的短链和超长链，这些特征使藜麦淀粉在食品工业和其他行业得到了广泛应用，例如制作皮克林乳液。藜麦具有作为调味料、汤和面粉增稠剂的潜力，因为它具有冻融稳定性、低胶凝点和低温耐受性好的特点。藜麦淀粉可改善无麸质面包的品质、制备可降解的生物薄膜、固定香气等，因为其具有保水作用和凝胶稳定性。在未来的研究中，高压处理后的藜麦淀粉可以与其他成分结合在一起，可用于开发具有功能特性的复合食品和乳糜。藜麦淀粉与其他谷物淀粉相比直链淀粉含量极低，藜麦淀粉也可应用于许多工业用途，如增稠、稳定、凝胶、膨胀、持水和黏着。

藜麦籽粒中淀粉占 58.1% ～ 64.2%，但升糖指数（GI）很低。淀粉主要以 D- 木糖（120 毫克 /100 克）和麦芽糖（101 毫克 /100 克）形式存在，葡萄糖（19 毫克 /100 克）和果糖（19.6 毫克 /100 克）含量很低。聚集有大量多边形和椭圆形淀粉颗粒，直径为 0.5 ～ 3 微米。糊化温度在 54.0 ～ 71.0℃之间，热焓值为 11.0 焦耳 / 克。淀粉形态与小麦淀粉相近，可用于烘焙工业。冻融稳定性比小麦高很多，淀粉糊化起始温度和最高温度比大麦低。

2. 蛋白质与氨基酸

藜麦中可利用的蛋白质质量分数最高。藜麦中蛋白质高达 155.7 毫克 / 克，并富含赖氨酸（57.1 毫克 / 克）、精氨酸（100.6 毫克 / 克）等碱性氨基酸，天冬氨酸（76.3 毫克 / 克）、谷氨酸（116.3 毫克 / 克）等酸性氨基酸。藜麦中还有蛋氨酸（4.0 ～ 10.0 毫克 / 克）等中性氨基酸。

藜麦的主要食用部位为种子，藜麦种子富含蛋白质及氨基酸。有研究认为，藜麦中含有大量的氨基酸，其中必需氨基酸的含量高于其他谷物。研究发现，藜麦含有 16 种氨基酸，有 8 种是人体必需氨基酸（如赖氨酸、苏氨酸及甲硫氨酸等），比例适当且易于吸收。藜麦中人体生长所需赖氨酸的含量是大豆的 1.4 倍，是玉米的 2.5 ～ 5.0 倍，是小麦的 20.6 倍以及牛奶的 14.0 倍，并且不含麸质，避免了由麸质导致的胃肠道过敏，可供麸质过敏人群食用。

藜麦蛋白主要由 11S 型球蛋白组成，约占总蛋白的 37%，2S 白蛋白占总蛋白质的 35%，还含有较低浓度的醇溶蛋白（占总蛋白的 0.5% ～ 7%），与谷物蛋白质相似。藜麦富含其他谷物无法比拟的高品质全蛋白，在很多地方可以代替肉制品和奶制品为人体提供蛋白质。藜麦不仅不含任何限制性氨基酸，还富含日常谷物缺乏的赖氨酸和孕产妇、婴幼儿所需的组氨酸。藜麦球蛋白和白蛋白在二硫键的作用下都具有较好的稳定性，但藜麦中含有皂苷，食用前需除去。虽可通过去皮来去除，但脱皂化会降低氮溶解度、藜麦蛋白质摄入以及藜麦蛋白的乳化和发泡。

蛋白质含量、被吸收消化程度和被利用程度，是全面评价食品蛋白质营养价值的三大指标。藜麦种子平均蛋白质含量为 12% ~ 23%，高于大麦（11%）、水稻（7.5%）和玉米（13.4%），与小麦蛋白质含量（15.4%）相当。水溶蛋白和盐溶蛋白分别占总蛋白的 28.7% ~ 36.2% 和 28.9% ~ 32.9%，几乎不含醇溶蛋白。藜麦的生物价远高于玉米、小麦、大豆等作物，仅次于水稻。蛋白质真实消化率、蛋白质净利用率均显著高于其他谷物，是人体的“营养黄金”。

3. 碳水化合物

碳水化合物在生物体中具有基础性营养作用和多种生理活性，如能量来源、饱腹感 / 胃排空、控制血压和胰岛素代谢、蛋白质糖基化、胆固醇和甘油三酯代谢等。碳水化合物根据其聚合程度分为糖（单糖、双糖、多元醇）、寡糖和多糖（淀粉和非淀粉）。膳食中的淀粉是人类生理活动所需能量的主要来源。淀粉是藜麦籽实中最主要的碳水化合物，含量达到 60%。

4. 脂肪酸

藜麦籽粒中，脂类成分的含量为 1.8% ~ 9.5%，平均为 5.0% ~ 7.2%；油酸含量为 24.8%；亚油酸含量高达 52.3%。中性脂类含量最高，甘油三酸酯占 50% 以上，甘油二酸酯占 20%。种子和种壳游离氨基酸含量高，分别占总脂类含量的 18.9% 和 15.4%。藜麦油组成与玉米油和大豆油相似，藜麦已作为具有潜在价值的油料作物而被加以应用。

脂肪酸是主要的脂类物质，是人体能量、代谢和结构活性所必需的营养成分。人体不能制造出全部所需脂肪酸，一部分必须从饮食中获得的脂肪酸被称为必需脂肪酸。藜麦种子中的脂肪酸大部分为必需脂肪酸，并且富含多不饱和脂肪酸，其次为单不饱和脂肪酸和饱和脂肪酸。

5. 矿质元素

藜麦中钾（664 毫克 /100 克）、磷（468 毫克 /100 克）、钙（926 毫克 /100 克）、铁（5.5 毫克 /100 克）、锌（2.9 毫克 /100 克）、铜（0.6 毫克 /100 克）、镁（197 毫克 /100 克）、硒（0.028 毫克 /100 克）等多种矿物质含量高于一般谷物，但是汞、铅、铬等有害元素含量很低。100 克藜麦可以满足婴儿和成人每天对矿质元素铁、镁的需求，磷和锌的含量足以满足儿童每日需求。磷、钾元素集中在胚芽中，钙与胶质结合集中在果皮中。不同藜麦品种矿质元素含量差异较大，矿物质元素含量可能与成熟度、品种、土壤类型、农药、光照时间、温度及降水量有关。

藜麦中含有丰富的矿质元素，锰、钾、钙、镁、磷、铁的质量分数远高于传统的谷物。矿物质对人体生理功能有重要作用，是牙齿、骨骼、肌肉、软组织、血液和神经细胞的重要组成成分。使用电感耦合等离子体发射光谱测得藜麦中含有大量的矿物质元素，种子鲜样中钾含量最高，其次为镁、钙和锌，而锰、铁和钠含量最低。另外，铁和钠的含量在经过加工的藜麦种子中显著增加，而钙、钾、镁和磷的含量显著减少。加工后种子中矿物质元素的降低可能是由于在高温加工过程中皂苷和矿物质相互作用或一些微量元素进入细胞间隙。

6. 酚类化合物

藜麦富含植物化合物，其中至少有 23 种酚类化合物以游离或共轭形式存在。藜麦富含酚类化合物，特别是黄酮类化合物，是提取酚类化合物的优质原料。藜麦中槲皮素和山柰酚的含量最多。多酚具有生物活性，是植物次生代谢产物，广泛存在于植源性食物中。多酚主要分为黄酮、酚酸和儿茶素。来自秘鲁的彩色藜麦是一种营养丰富的天然食品，因其富含游离酚类化合物、结合酚类化合物和甜菜碱，与谷物相比具有很高的抗氧化能力。藜麦粉中酚类含量高于多数谷物和豆类，而且酚类含量与FRAP，ORAC活性均呈高度相关性。

据报道，黄酮类化合物常以黄酮苷的形式存在于藜科植物中，藜麦含有丰富的黄酮苷类化合物，包括槲皮素、异鼠李素、山柰酚的苷元以及糖基连接在C-3位置上的二糖及三糖类物质。

7. 多糖

藜麦有丰富的纤维素、淀粉等多糖。藜麦种子中可溶性糖的含量为15.8%，葡萄糖的含量为4.55%，果糖含量为2.41%，蔗糖含量为2.39%。其中阿拉伯糖所占比例最多，兼有少量的鼠李糖和半乳糖，而糖醇酸的比例为4% ~ 27%不等。

8. 其他成分

藜麦中维生素B、维生素E、脂质、不饱和脂肪酸等的质量分数也很高，其中脂质质量分数可达普通谷物的2 ~ 3倍，且脂质稳定性较高。

二、抗营养成分

皂苷抗营养物质是指影响健康、抑制食物中营养成分吸收的一类化合物。藜麦也含有抗营养物质，如皂苷(20% ~ 30%)。研究发现，藜麦的叶片、花、果实、种子和种皮中均含有三萜类皂苷，并且皂苷含量因藜麦品种和种植环境不同而存在差异，总体含量变化范围为干物质的0.01% ~ 4.65%。

藜麦中含有多种三萜类皂苷，其中主要的苷元有齐墩果酸的单糖链皂苷、双糖链皂苷、常青藤苷元、陆酸。高浓度的藜麦皂苷溶液能够裂解各种细胞甚至动物细胞、细菌以及真菌。藜麦种皮的皂苷具有抗真菌活性，50 微克 / 毫升的藜麦皂苷粗提液即可抑制白色念珠球菌的生长。

藜麦外壳中含有大分子量的皂苷衍生物，有更多的疏水性，且对灰霉病的抗性更强。藜麦皂苷是天然表面活性剂，并且已被成功开发应用在个人护理用品中，可完全替代十二烷基醚硫酸盐和二烷基硫酸钠等类型的表面活性剂，同时具有很好的稳泡、富泡作用。藜麦中的皂苷物质可用于保护作物免受微生物感染，有利于作物的有机生产和贮藏。通过碱溶液处理藜麦种皮，来提高其皂苷螺旋性，处理后的单糖链皂苷对福寿螺的抑制活性高于双糖链皂苷。皂苷类物质不仅会影响藜麦的口感，而且是主要的抗营养因子，因此在食用藜麦之前，需用水除去种子表层的皂苷成分，皂苷水溶液可以用作洗发水。尽管藜麦外壳中皂苷成分很高，但这种副产物的商业价值并没有得到相应的重视。

第三节　藜麦的功能特性

一、防治乳糜泻功能

乳糜泻患者经常因无麸质饮食限制，不能摄入足够的蛋白质、膳食纤维、维生素和矿物质，导致营养缺乏。藜麦不仅不含有麸质蛋白，还具有高营养成分，可避免腹腔疾病患者因长期摄入无麸质食品引起的临床并发症，如骨质疏松症、贫血或恶性肿瘤等。每天给乳糜泻患者提供 50 克藜麦作为无麸质食物，持续 6 周，测得患者胃肠参数是正常的，不会使病情恶化，且对藜麦的耐受性很好。藜麦中的醇溶谷蛋白不仅避免了麸质导致的胃肠道过敏，还可以激活肠道疾病患者的免疫反应，因此藜麦可成为乳糜泻患者的优质营养来源，近年来藜麦无麸质食品的研发也备受关注。

二、抗癌、抗氧化作用

随着人类平均寿命的延长，癌症对人类的威胁日益突出。科学研究表明，癌症、衰老或其他疾病大都与过量自由基的产生有关联。然而植物中存在的抗氧化剂酚类物质可能作为自由基清除剂和还原剂，有助于减少氧化应激。研究表明，多酚类化合物有助于多种生理特性，包括抗菌、抗氧化、抗炎、抗肿瘤和抗癌等作用。据调查，癌症的发生与环境因素、生活方式及营养因素密切相关。藜麦长期以来被认为是富含生物活性酚类化合物的潜在膳食补充剂。通过分析饮食中添加藜麦种子对血浆和氧化应激的影响，发现藜麦可以通过降低血浆中丙二醛和提高抗氧化酶的活性，提高抗氧化能力，因此，藜麦可作为天然抗氧化剂的一个重要来源。

三、防治高血脂、高血压、高血糖

随着人们生活水平的日益提高，“三高症”的发病率呈现上升的趋势。“三高症”与膳食结构不合理之间存在着紧密的联系，如摄入过多的盐和大量的糖，以及过多的人体所需的饱和脂肪酸等，都会导致“三高症”。藜麦蛋白质氨基酸比例均衡，可调节机体的脂肪代谢，进而起到降低血脂的作用。W–3 脂肪酸具有降低血脂、舒张血管的特性。现代饮食缺乏 W–3 脂肪酸，而藜麦的脂肪酸组成显示 W–3 脂肪酸在藜麦油脂中占比很大，而且藜麦富含钾、镁等矿物质，能改善膳食结构，有效降低血压。在对藜麦植物甾醇的研究中发现其含有较高的谷甾醇、菜油甾醇、豆甾醇。国内外多位专家认为膳食中加入植物甾醇可控制血清胆固醇水平，是降低心血管疾病发病风险的有效干预方式。藜麦也是一种低果糖和低葡萄糖指数食物，食用藜麦后血糖不会明显升高，能在人体糖脂代谢过程中发挥有益功效，因此可作为糖尿病人的主食。

四、减肥、助消化功能

日常饮食中，谷物是膳食纤维的主要来源之一。作为“超级谷物”的藜麦是摄入膳食纤维的良好食材。藜麦中总膳食纤维百分比为 10%，藜麦中的膳食纤维由木聚糖和果胶多糖组成，是具有较多亲水基团的生物大分子，吸水性能好。一是膳食纤维能在胃肠道中膨胀，形成高黏度的溶胶或凝胶，增加小肠内容物的体积、容量和黏度，降低人体对淀粉、蛋白质和脂肪的吸收，最终达到降低营养素吸收率的目的；二是膳食纤维热量低，易饱腹，可减少进食量，促进体内脂肪消耗而起减肥作用；三是膳食纤维既能够吸附肠道中的有害物质并加速其排出，还可以有效增殖肠道中的有益菌，改善肠道菌群结构，促进消化，对肥胖和结肠癌等慢性疾病具有预防作用。在藜麦中定性定量地提取了 43 个氨基酸的多肽，在预防和治疗癌症以及预防心血管疾病和炎症性疾病方面具有潜在价值。

五、全营养保健功能

藜麦被联合国粮食和农业组织（FAO）推荐为最适宜人类的完美“全营养食品”，是因其在人类营养和健康方面与其他谷物相比具有显著的优势，国际营养学家们称之为“营养黄金”。由于谷物食品中的赖氨酸含量甚低，故赖氨酸被称为第一限制性氨基酸，但赖氨酸能促进人体发育、增强免疫功能，对成长期的儿童来说是必不可少的营养素，而藜麦恰恰能满足这一需求。与此同时，研究者在藜麦中还发现了丰富的钙元素，而赖氨酸又能促进人体对钙的吸收和转运，因此长期食用藜麦不仅可以有效改善中国膳食结构中的“赖氨酸缺乏症”，还能够维护骨骼和预防骨质疏松。谷类对素食者来说，一直是蛋白质的良好来源。不同品种的藜麦中蛋白质所占质量百分比为 13.81% ~ 21.9%。藜麦蛋白质的含量和质量在一定程度上可与脱脂牛奶和肉类媲美，所以它更适合作为素食者摄入蛋白质的选择。

第四节　藜麦的生长发育

一、藜麦的感温与感光性

藜麦为短日照植物，其对光周期和温度强烈敏感。在一定低温条件下能够发芽，植株生长速度快慢与气温高低密切相关。开花期是决定藜麦产量形成的主要时期。研究结果表明藜麦花芽分化期对低温最为敏感，在开花期遇低温 2 小时，藜麦减产近 66%。

二、藜麦的抗旱性

干旱是世界范围内制约农业发展的主要因素，是影响作物产量的主要非生物因素。水分亏缺对作物的根系以及地上部分的生长有很大的抑制性，能够降低粮食的生物量、产量以及收获指数。藜麦由于其形态学特征而具有较强的抗旱能力，如，根系分布较深且分枝较多；通过叶片脱落来减少叶面积；具有小而厚的细胞壁可以减少水分流失；其液泡内含有草酸钠，既能够吸收水分，还可以减少由于蒸腾作用而导致的水分散失。

藜麦抗旱机制包括避旱、御旱、耐旱。避旱主要通过快速营养生长和提早成熟来实现，耐旱主要通过植物组织和低渗透势。藜麦的抗旱性决定了其叶片具有渗透势低、鲜干重比值低和弹性低，以及在低水势的情况下能够维持细胞有效膨压能力的生理学特征。藜麦植株通过调节植株茎秆和叶片内无机离子和有机物可溶性糖、脯氨酸含量来增加其耐旱能力，在严重干旱的条件下，藜麦虽然表现为较低的叶片水势，但是其仍能保持较好的气孔开度，能够顺利进行气体交换。藜麦能够保持较高的叶片含水量，从而抑制气孔气体交换水平的下降程度，减少水分散失。栽培措施主要从品种选择、水肥调控、合理密植等方面进行，可以通过适宜的源库调节措施，采用剪叶修穗来实现藜麦高产。

三、水肥管理措施对藜麦生长发育及产量的影响

传统农业种植往往利用大水漫灌形式进行灌溉，使得水分无效消耗，灌水利用率和水分生产力显著降低。对传统灌溉方式进行改进发展节水农业，采用滴灌技术，对灌水量和灌水时间进行精确的控制，从而提高农作物田间水分管理效率。滴灌系统可以为作物的根区提供较适宜的水、肥、气、热条件，增加作物根系对灌水的吸收和利用，实现作物增产的目标。藜麦种植中分别在前期、孕穗期和抽穗至成熟期进行及时灌溉，能够提高叶片叶绿素含量和光合性能，促进干物质生产，推迟根、茎、叶等器官衰老，提高产量和水分利用效率。在拔节期和抽穗期分别对冬藜麦进行灌水，可增加其根冠比。在苗期、分枝期和灌浆期分别进行灌水，探讨不同灌水时期对藜麦植株生长发育和产量的影响，最大限度地提升水资源利用率，提出获得产量、耗水量和水分利用效率综合效应最佳的技术措施。

四、施氮肥对物质积累和产量形成的影响

氮素是作物生长过程中的必需营养元素，也是限制产量的重要因子。长时间过量施用氮肥会导致土壤中氮含量盈余，植株出现营养生长过度旺盛，降低氮肥对作物的增产效果，同时会对环境造成威胁。而合理、适时和适量进行氮肥施用，不但能够促进作物高产优质，而且能够减少由于氮素施用量太大导致的环境污染问题。进行合理施用氮肥主要是依据作物所处地区、土壤肥力类型和气候条件，从而决定其适宜施肥量、时间和肥料配施比例，且主要表现为施肥量的多少。合理施氮能够增加氮收获指数，降低作物籽粒败育现象，增加其粒重，对增加穗粒数影响最显著。在藜麦施氮相关研究结果表明，藜麦在 75 千克 / 公顷施肥水平能够较早完成营养生长，

其生物产量、经济产量和收获指数表现最高。

灌水和施氮措施均能提高作物产量，但是需要在现有资源条件下进行合理投入施用，保证作物吸收和生长协调，提高养分转运率和水肥利用率，才能获得较高的产量和品质。施氮和灌水对藜麦生长发育、产量品质均有显著促进作用，且氮素影响效应大于灌水，在施氮量增加到一定程度时，植株干物质积累量和棉籽产量最高，过低的灌水量和施氮量均对作物产量性状、水肥利用率和根系特征指标产生限制作用，中等施氮和灌水水平能够提高作物产量和优化根系特征指标，扩大了根系吸水吸肥空间范围，实现水氮利用效率的提高。

第三章 优良品种介绍

第一节 选用优良品种

在种植过程中，藜麦的品种也直接关系着作物最后的产量与质量，只有选择优良的藜麦品种才能提高种植管理以及病虫害防治的效果。因此，在藜麦品种的选择上，首先应根据青藏高原的地域特点，选择生长阶段相对来说比较整齐的藜麦品种，保证藜麦的产量与质量。其次，选择抗病虫能力较强的藜麦，更好地防治病虫害，避免出现因严重的病虫害而出现减产问题，保证农户的经济效益。其中，青海省自主培育的青藜 1 号和青藜 2 号都是非常适宜在青海高原种植的藜麦品种。

选择品种要针对市场需求，结合当地生态环境和生产条件，选择已鉴定的优质品种。肥水条件好、生产水平高的地区，应选用抗倒、增产潜力大的高产品种；旱薄地区，应选用耐旱、耐瘠薄能力强、稳产性好的品种。良种质量标准为纯度≥ 99%、净度≥ 98%、发芽率≥ 85%、水分≤ 13%。亦可选择种植青贮饲用品种，花期应尽量避开当地的高温多雨期，避免高温多雨导致产量下降甚至绝收。

藜麦籽粒有三种颜色，主要分为白藜麦、红藜麦、黑藜麦。其实三者的营养差别不大，但口感差异较为明显，深色藜麦的口感相对更脆，而白色的藜麦更软糯些，市面上也更常见，普遍更受欢迎。

藜麦籽粒的中间鼓起呈药片状，周边围绕着一圈白色的胚芽。优质藜麦颗粒均匀，质地饱满，色泽光鲜，完整度好，碎粒少。而品质差的藜麦籽粒小、中间凹陷不饱满、色泽发暗发黑、碎粒和小粒多。选择种子时，需要选择比较饱满、质量较好的种子以提高抗病性和抗寒性。优质的藜麦种子千粒重 5 克以上，粒径 2.4 毫米以上。筛选产量高、纯度高、颗粒饱满的藜麦种子，用 2.5% 次氯酸钠浸泡 5 分钟，无菌去离子水冲洗 3 ~ 4 次，快速晾干备用。

第二节　中早熟品种

中早熟品种科藜 1 号，生育期 126 ~ 134 天。矮秆，株高 135 厘米左右。幼苗浓绿色，长势强，植株呈扫帚状，分枝 7 ~ 11 个，成熟时红秆红叶红穗，观赏性好。穗型半紧凑，穗长约 45 厘米，结实性好，圆锥花序，籽粒白色，扁圆形，千粒重 3 克，粒径 2 毫米。含蛋白质 13.7 克 /100 克，脂肪 4.9 克 /100 克，粗多糖 28.73 克 /100 克，碳水化合物 68.5 克 /100 克，维生素 E 7.54 毫克 /100 克，总多酚 170.8 毫克 /100 克。

中早熟品种科藜 2 号，生育期 127 ~ 134 天。株高 155 厘米左右。幼苗绿色，长势健壮，植株呈扫帚状，分枝 9 ~ 13 个，授粉后穗上部呈白色，成熟时黄秆黄穗。穗型半紧凑，穗长 46 ~ 51 厘米，圆锥花序，籽粒黄色，扁圆形，千粒重 3 克，粒径 2 毫米。含蛋白质 13.4 克 /100 克，脂肪 6 克 /100 克，粗多糖 32.54 克 /100 克，碳水化合物 68 克 /100 克，维生素 E 6.38 毫克 /100 克，总多酚 250.8 毫克 /100 克。抗倒性强，抗病性、耐盐碱性较好。

第三节　中晚熟品种

中晚熟品种三江藜 1 号，生育期 128 天，全生育期 145 天。中低秆，株高 152 厘米左右。幼苗长势中等，中后期长势较强，植株呈扫帚状，分枝中等，无效分枝少，结实性好，成熟时白秆白穗，穗型半紧凑，穗长约 44 厘米，圆锥花序，籽粒较大，白色，扁圆形，千粒重 4.2 克，粒径 2.4 毫米。含蛋白质 12.1 克 /100 克，脂肪 4.8 克 /100 克，粗多糖 19.41 克 /100 克，碳水化合物 69.8 克 /100 克，维生素 E 7.23 毫克 /100 克，总多酚 169 毫克 /100 克。

中晚熟品种三江藜 2 号，生育期 131 天，全生育期 148 天。株高 175 厘米左右。幼苗绿色，长势较强，植株呈扫帚状，分枝 19 个左右，无效分枝少，成熟时黄秆黄穗，穗型半紧凑，穗长约 48 厘米，结实性好，圆锥花序，籽粒黄色，扁圆形，千粒重 3.6 克，粒径 2.2 毫米。含蛋白质 14.7 克 /100 克，脂肪 4.1 克 /100 克，粗多糖 19.8 克 /100 克，碳水化合物 68.3 克 /100 克，维生素 E 7.94 毫克 /100 克，总多酚 208.9 毫克 /100 克。抗倒性、抗病性、耐盐碱性较好。

适合柴达木盆地种植的藜麦品种主要选育青藜 1 号、青藜 2 号和青藜 3 号三个品种，生长相对整齐，适应柴达木盆地的气候条件。选种和留种过程中注意要在经过第一季种植后，留存植株大、穗多、成熟度高、籽粒饱满的种子。

第四章　藜麦栽培技术

第一节　藜麦对环境的要求

一、土壤

藜麦对土壤营养条件要求较低，耐瘠薄，但要求土壤排水良好，以中性砂壤土为宜，在 pH 值为 5 的酸性土壤或 pH 值为 9 的碱性土壤亦可正常生长。

二、温度

藜麦种子在 5℃即可发芽，发芽适温 20 ~ 30℃，幼苗可短期忍耐 8℃的低温，成株可短期忍耐 38℃的高温。最高温度一般低于 32℃，适宜在夏季凉爽或海拔 1400 米以上地区种植。

三、光照

藜麦喜强光，地势较高和开阔地块有利于藜麦生长发育。

四、水分

藜麦耐旱性强，年降水量 300 毫米以上的干旱及半干旱地区均可种植。藜麦不耐高湿和雨涝，要求空气相对湿度 50% ~ 85%、土壤相对湿度 35% ~ 75%。

五、养分

藜麦营养生长和生殖生长并进时间较长，要求氮、磷和钾等养分配合施用，不宜偏施氮肥。

第二节　地块选择与整地

一、地块选择

藜麦种植一般要求选择土层深厚、土壤肥力中等、阳光充足、通风良好及排水便利的地块，砂壤土、壤土和砂土均可种植。在藜麦种植过程中，第一项工作是种植地块的选取。海拔因素是选地的第一个关键，一般来说，海拔越高，藜麦成熟的质量越好，因此选地要尽量选择海拔较高的地点。其次，藜麦虽然有着极强的环境适应能力，但也需要更多的光照，所以选地的第二个关键便是对于光照的保障。第三点，藜麦的成长对于肥料的要求并不是很高，可以选择马铃薯等其他块茎植物种植过的土地，这样不仅能保证藜麦的营养吸收，还能在一定程度上对病虫害进行防治。

藜麦不宜连作，一般要求与青玉米、亚麻、小麦、莜麦、豆类、马铃薯、蔬菜、荞麦、甜菜等实行3年以上轮作。连作会使病虫害发生率增加，杂草多，土壤中的某些营养元素供应不足。选择合理轮作倒茬易于藜麦丰产丰收。除草剂对于藜麦的生长会产生较大的影响，种植藜麦最好选择2 ～ 3年内没有施用过除草剂的地块。

藜麦属于一种小粒作物，其在发芽阶段的顶土能力很弱，因此土地的精细程度直接关系着藜麦能否正常发苗。如果土地质量太差，甚至有结块等现象，就会大大影响到藜麦的发芽率，导致藜麦产量不理想。种植前需要对土地进行一定的检测，确保土地内含有足够的藜麦生长所需的养分，及时施加相应的肥料以补充土地中不足的养分，这样才能更好地保证藜麦的生长，以及产量与质量。

二、整地

整地按照“齐、平、松、碎、净、墒”六字原则进行。藜麦不耐除草剂，前茬作物若施用除草剂，需播前深翻。早春土壤刚解冻，趁气温尚低、土壤水分蒸发慢的时候，施足底肥，达到土肥融合，壮伐蓄水。如果土壤比较贫瘠，可适当增加复合肥的施用量。有灌溉条件的地块应进行冬灌或来年春灌，做到灌足、灌透。茬地适墒深翻，耕深一般以 25 厘米为宜。

在翻耕土地的同时，还要注意对土壤中的草根、树枝等杂物进行清理，最后对土壤进行耕平，尽可能做到表土细碎、上虚下实，这样才能保证种子出苗整齐，植株生长均匀。播种前每降一次雨及时耙耱一次，做到上虚下实，干旱时只耙不耕，并进行压实处理。

三、轮作倒茬

藜麦吸收土壤营养能力极强，种子一年以上对土壤土地肥力下降严重。连年种植导致产量急剧下降，亩产量只是第一年产量的三分之一。藜麦种植可以和大豆、小麦、马铃薯、玉米、高粱等作物倒茬轮作。藜麦不宜重茬，忌连作，应合理轮作倒茬。前茬最好是马铃薯或其他块茎植物的土地，要与非同科作物进行轮作。

第三节　种子处理

播种藜麦种子前，要测试种子的纯度、发芽率、发芽势等。种子外观要保持一致，色泽要饱满、大小要均匀。如发现种子含较多杂质或存在发霉变质等情况，不可用于种植。筛选产量高、纯度高、颗粒饱满的藜麦种子，用 2.5% 次氯酸钠浸泡 5 分钟，无菌水冲洗 3 ~ 4 次，快速晾干备用。

种子也可以不浸泡催芽直接播种，但是为了种子的发芽整齐，生长一致，发芽更快，可以在 45 度的温水中浸泡种子 30 小时后，再用 25℃温水浸泡 25 小时捞出沥干水后，用干净布包裹放在 25℃左右的保温箱里催芽，等到 90% 出芽后播种。

直播是为了避免地下害虫危害啃食种子，必须用药剂拌种，保证种子顺利萌发。藜麦种子种植前利用咯菌腈或者敌委丹拌种，减少病菌传播，控制土传疾病。在病虫害较为严重的地区，播种前茬采用药剂包衣或丸粒化种子的方式进行播种。

第四节 播 种

一、播种时间

播种时间也是藜麦种植中一个非常重要的点，直接关系着藜麦成熟的时间以及产量，播种太晚或太早都会导致藜麦的发芽率下降，影响藜麦的产量与质量。根据以往种植经验，藜麦播种时间过早，会受低温的影响，藜麦种子在一定程度上会失去活性，反而会拖慢藜麦的生长速度。

根据青海高原的气候条件，青海地区藜麦播种期一般在 4 月中下旬至 5 月上中旬，播种层的土温稳定在 10℃以上时播种较为适宜。因目前没有适合藜麦田的除草剂，最好采用地膜覆盖种植。播种时的土壤含水量以 15% ~ 20% 为宜，若土壤过干播种，种子不能发芽或发芽后干死，土壤过湿会引起种子霉烂。也可根据土壤墒情适时播种。

二、播种深度

在土壤墒情良好的条件下，播种深度在 1 ~ 2 厘米，不能超过

3 厘米，土壤墒情较差时适当加深，但不宜超过 5 厘米。

三、播种方式

播种方式可采用撒播、条播、穴播或育苗移栽。有条件的地区，可采用配套的播种机或覆膜播种一体机作业。

四、播种量

每穴使用轮式播种器播种 3 ~ 4 粒，行距在 60 ~ 70 厘米，株距在 15 ~ 20 厘米，每亩留苗 6000 ~ 9000 株。具体情况可根据品种特性、播种早晚和土壤肥力环境条件决定。

第五节　合理施肥

一、底肥

底肥肥料种类必须为高温发酵处理后的羊粪，其次是农家有机肥。严禁使用化学肥料，包括无机肥，如硝酸磷等。基肥在播种前结合深耕整地一次施入，一般以农家肥为主，如将磷肥与农家肥混合沤制作基肥效果更好。基肥以秋施或早春施入较好。播前施足底肥，底肥足量深施，首选有机肥及三元复合肥，氮肥 7.5 千克 / 亩、磷肥 15 千克 / 亩,底肥一次性施足,亩施商品有机肥 100 ~ 200 千克。一般每亩施腐熟农家肥 1000 ~ 2000 千克、硫酸钾型复合肥 20 ~ 30 千克。有条件的地区可根据测土配方精准施肥。

二、追肥

定苗后应及时追施壮苗肥，保证苗期营养。不能随意施用无机肥和杜绝喷洒植物生长调节剂。追肥增产作用最大的时期是抽穗前 15 ~ 20 天的孕穗阶段，一般纯氮肥以 5 千克 / 亩左右为宜。氮肥较多时，分别在拔节始期施“座胎肥”，孕穗期追施“攻粒肥”。

在藜麦生育后期，叶面喷洒磷肥和微量元素肥料，也可促进开花结实和籽粒灌浆。

植株在现蕾期至盛花期时，高度一般可达到50厘米，要结合植株长势，在滴灌中随水施用3 ~ 4次滴灌肥。

第六节　藜麦地膜覆盖栽培技术

藜麦种植时地膜覆盖可采用全生育期覆盖，直到栽培结束。常用的覆盖方式有平畦覆盖、高垄覆盖。

一、平畦覆盖

整地施肥后，做成宽3米的平畦，按行距50厘米、株距30厘米定植，每畦栽植3 ~ 4行。覆盖时根据地膜的宽度，可采取单畦覆盖，也可采取连畦覆盖。

二、高垄覆盖

整地施肥后，做成垄高15 ~ 25厘米、垄底宽80 ~ 100厘米、畦面宽1米、垄沟宽33厘米的高垄。每垄栽2行，行距为50厘米，株距30厘米。每一垄或两垄覆盖一块地膜。

三、选择地块

生产上普遍使用的地膜是高压低密度的聚乙烯薄膜，按颜色可分为无色透明膜和黑色地膜。无色透明膜对土壤增温效果好，一般可使土壤耕作层温度提高2 ~ 4℃。黑色地膜是在聚乙烯树脂中加入2% ~ 3%的炭黑制成。对太阳光透过率较低，热量不易传给土壤，而薄膜本身往往因吸太阳光热而软化。黑色地膜对土壤的增温效果不如无色透明膜，一般可使地温增加1 ~ 3℃。但黑色地膜除具有增温保湿作用外，还有防除杂草的作用。黑色地膜一般适用于苗壮肥足的地块，迟栽弱苗地块则以无色透明膜为好，以利增温，促进苗的生长。

四、覆膜时间

覆膜一般是在越冬前和早春萌芽前进行。寒冷地区越冬前覆盖效果更好。在日平均气温降至 3 ~ 5℃时进行较为适宜。春季覆盖是在土壤整地完成后进行。

五、覆膜方法

覆膜前清除地面杂草，整细土块，耙平畦面，以利于盖平薄膜。

第七节　合理密植

藜麦每亩用种量 300 ~ 400 克为宜，每亩密度控制在 5500 ~ 6500 株，每穴播种 4 ~ 6 粒，行距 50 厘米，株距 30 厘米。在确保种子活力较高的前提下，播种深度要适宜，过深出苗困难，过浅不利于抗旱抗风抗倒伏。可以采用新型精播耧播机或使用胡麻类作物播种机播种，墒情较差时最好播后镇压，使种子和土壤紧密结合。间苗管理是实现高产的关键措施，幼苗出土后，及时查苗补缺，若缺苗可补种或催芽播种，补苗后浇少量水（或雨后补播）。出苗 5 ~ 6 叶后间苗，除去病、弱苗；8 ~ 10 片叶时即可定苗，每穴留苗 1 ~ 2 株，保留壮苗。粮用藜麦每亩定苗一般为 7000 ~ 12000 株，饲用藜麦适当增加密度，一般每亩定苗 1.5 万 ~ 1.8 万株。

高海拔、冷凉地区建议栽培密度每亩 4500 株；干旱、半干旱及灌溉区建议栽培密度每亩 6500 株；中海拔、干旱区建议栽培密度每亩 8000 株。

第八节　合理灌溉

藜麦全生育期浇水次数及每次浇水量要依据土壤墒情和雨水多少而确定，现蕾期是藜麦水分临界期，对土壤水分反应敏感。开花期对水分要求迫切，视藜麦长势和田间持水量，一般灌水 2 ~ 3 次，总灌水量每亩 180 ~ 200 立方米。中后期灌水要尽量避开大风天气，以减少因灌水引起的倒伏。

藜麦灌溉可根据土壤墒情，藜麦全生育期可以进行 6 ~ 8 次滴灌。如果种植区域不具备滴灌条件只能采用漫灌，可结合灌水机械开沟追肥 1 次，追施二铵 10 千克 / 亩。在藜麦盛花期后，适量灌 1 ~ 2 次水肥。藜麦出苗并生长至 10 厘米左右高度后，长势开始放缓，此时对水肥的需求降低。苗期蹲苗 40 天左右，土壤含水量低于 55% 时，可以开始进行滴灌。植株高度达到 15 厘米时，生长速度重新加快，此时需要大量的水肥。生长过旺的藜麦苗，应合理进行蹲苗，有效推迟灌水时间，减少灌溉次数。

第九节　田间管理

一、苗期管理

藜麦出苗后，要及时查苗，发现漏种和缺苗断垄时，应采取补种。一般情况下，藜麦播种 3 天后就可以出芽，5 天后可以出苗，7 ~ 10 天后需要对出苗情况进行检查，如有缺苗现象，需要趁土壤墒情还好时及时进行补种，移栽后，适度浇水，确保成活率。同时将田间杂草清除干净。

二、间苗定苗

当幼苗展开 2 片叶子时，对缺苗较多的地块，采用催芽补种，先将种子浸入水中 3 ~ 4 小时，捞出后用湿布盖上，放在 20 ~ 25℃条件下闷种 10 小时以上，然后开沟补种。种子出苗以后进行 1 ~ 2 次松土，松土深度为 8 ~ 12 厘米，松土时要注意不能损伤植株根系。对少数缺苗断垄处，可在幼苗 4 ~ 5 叶时雨后移苗补栽。

藜麦出苗后应及早间苗，在 2 ~ 4 叶期，防治黄条跳甲、叩头甲，不能灌水；对幼苗生长高度达到 6 ~ 10 厘米时开展间苗工作，留 2 ~ 3 株。如果发现这一生长阶段有缺苗断垄问题，选择间苗补栽，保护好幼苗的根系，并对灌水量合理控制。当幼苗长出 5 ~ 6 叶时间苗，按照留大去小的原则，株距保持在 15 ~ 25 厘米。6 叶期，进行第一次人工除草，并间苗、定苗。将地块中的杂草清除，提高地温，为藜麦生长创造有利空间。间苗、定苗完成后第一次灌水；定苗时间一般选择在 8 ~ 10 叶时进行，保证株距相隔 15 厘米以上，每个种植穴保留 1 株壮苗，保苗株数为 12 万株 / 公顷以上。当藜麦生长高度达 25 厘米时，8 ~ 12 叶期，结合培土进行第二次人工除草，开花期化学防除叶蛾科害虫，必须在开花期前进行第三次灌水。花期结束后进行第四次灌水，灌浆末期禁止灌水防止倒伏，同时拔除杂草。

三、中耕除草

藜麦主要杂草有野燕麦、马刺盖、灰条、野苋菜、繁缕、香薷、苦苦菜、野油菜等。藜麦目前没有专用除草剂。苗期要及早中耕，以疏松土壤、提高地温、蹲苗促根，中耕 2 ~ 3 次为宜，深度以松土而不损伤根系为原则。除草过程能够有效增加地温，还能起到培土、保湿、防倒伏的效果。中耕结合间苗进行除草，应掌握浅锄、细锄、破碎土块，围正幼苗，做到深浅一致，草净地平，防止伤苗压苗。中耕后如遇大雨，应在雨后表土稍干时破除板结。在植株生长出 5 ～ 6 叶、高度达到 10 厘米左右时就要开始第一次间苗，留强去弱，留大去小，同时还要进行中耕除草。在间苗的同时要进行除草和松土工作。苗期 5 ～ 6 叶时，初花期时第二次除草松土，当藜麦苗株长到 50 厘米左右时，还需除草 1 ～ 2 次。当藜麦苗株高于 50 厘米以上时，开始第三次中耕除草，也可根据杂草生长情况而定，并在松土时对植株的根基部进行培土。

四、水肥管理

藜麦种植底肥应选择混合使用有机肥和无机肥，施用量可根据土壤肥力而定。为确保藜麦高产，可在初花期进行叶面喷肥，建议每亩 50 克硼肥 + 磷酸二氢钾兑水喷施,防止藜麦“花而不实”。藜麦生长过程中合理地增加氮肥施入量，对其生长具有重要的促进作用。

藜麦前期生长阶段应当合理灌水与追肥，但必须控制好植株长势，避免过旺生长，以至于后期阶段出现倒伏情况。如土壤相对贫瘠，可施用有机肥 300 ～ 500 千克 / 亩、尿素 10 千克 / 亩、磷酸二铵 20 千克 / 亩、硫酸钾 5 千克 / 亩、腐熟农家肥 3 立方米 / 亩左右。

藜麦种植时要求一次性施足底肥，如果生长中后期发现有缺肥症状，可适当追肥。一般在植株长到 40 ～ 50 厘米时，每亩撒施三元复合肥 10 千克。在藜麦生育后期,叶面喷洒磷肥和微量元素肥料，可促进开花结实和籽粒灌浆。藜麦主要以旱作为主，如发生严重干旱，应及时浇水。

五、病虫害防治

藜麦幼苗易遭金针虫、地老虎为害，严重时会造成大面积减产。应针对当地害虫发生情况，播种时撒施农药，或用农药拌种。危害藜麦叶片、茎秆和花序的常见虫害有蚜虫、菜青虫和潜叶蝇等，可喷洒高效低毒酯类杀虫剂、氨基甲酸酯类杀虫剂等。在青海地区藜麦很少发生病害，一旦出现早疫病、叶霉病、根腐病、霜霉病、病毒病等病害，可喷洒甲基托布津、百菌清、多菌灵和双效灵等杀菌剂防治。

六、防止倒伏

藜麦在整个生长过程中，根部扎得不是很深，分布比较浅，遭遇恶劣天气时，容易出现倒伏，而倒伏会直接影响整个植株的正常生长，甚至导致死亡。因此，在选择地块时，要选择一些背风的地块，并且还要施足底肥，提升其抵抗大风、降雨的能力。在藜麦 8 叶龄时，将行中杂草、病株及残株拔掉，提高整齐度，增加通风透光，同时，进行根部培土，防止后期倒伏。

预防和防治藜麦倒伏也可选择抗倒伏品种；合理密植，适当加大种植株行距；科学施肥和浇水，加强中耕管理；孕穗中后期喷施三碘苯甲酸、多效唑和矮壮素等调控剂；抽穗开花中后期叶面喷施硝酸钙或氯化钙等防止倒伏。

第十节　适时收获

藜麦成熟期间要对其籽粒成熟情况认真观察，中下部的叶片变黄变红发生干枯、上部变黄，叶片大多脱落，茎秆具有弹性且开始变干，麦穗变成金黄色，籽粒橙黄色、蜡质状，便可及时采收。为保证藜麦品质，收获前必须将病穗、杂株移除，收割后及时拉运、晾晒，防霉烂变质。可人工收割或采用联合收割机机械收获。储藏在干燥、通风、阴凉地方。

采收时间不宜过晚或过早，过早采收，麦粒没有完全成熟，容易霉变，导致产量下降。采收过晚，容易出现倒伏现象，麦粒大量落入麦田，从而导致产量与质量严重受损。收获时间宜选择清晨进行，减少籽粒脱落损失。在采收的时候应避免阴雨天气，麦粒遇水不易贮藏，容易引发病虫害。

第五章　藜麦主要常见病虫害及其防治

第一节　藜麦病害

藜麦病虫害防治中应坚持“预防为主、综合防治，农业防治、物理防治为主，化学防治为辅”的原则。首先选择抗病品种，播种前严格进行种子消毒处理，土传病虫害频发的地区可进行种子包衣。培育无病虫壮苗，及时拔除病株，摘除病叶。根据害虫生物学特性，可采取黄板诱蚜、性诱剂和频振式杀虫灯等物理防治措施。

由于藜麦的外壳含有皂苷，使得藜麦本身就对于各种虫害有着天生的抵抗能力。藜麦主要容易受到虫害侵袭的地方为茎叶，藜麦的茎叶对于大多数的虫害都是极其美味的佳肴，需要重点进行虫害的防治。

在对病虫害进行化学防治时，选用低毒性的农药进行喷洒，且要对这些农药进行一定的稀释，确保农药不会对藜麦造成影响。目前，已报道的藜麦病害有壳二孢叶斑病、钉孢叶斑病或尾孢叶斑病、南美藜黑斑病、南美藜叶斑病、南美藜穗枯病、南美藜褐斑病、藜菌核病、南美藜叶霉病、南美藜霜霉病、黑秆病、病毒病、根腐病、炭疽病等，其中霜霉病和叶斑病对我国藜麦种植危害最严重。

一、藜麦霜霉病

（一）症状

藜麦霜霉病症状表现为病斑初期呈小点，边缘不明显，后扩大成不定形状的病斑；病害由下向上扩展，干旱时病叶枯黄，湿度高时坏死腐烂，严重时整株叶片变黄枯死。

藜麦霜霉病是一种世界各地均会出现的病害，在湿润种植区普遍发生。该病在我国多个藜麦种植区均有发生且为害严重。藜麦霜霉病除了使植株新老叶都感病外，还会导致叶片失绿萎蔫脱落，使籽粒空瘪，严重地块发病率高达95%，减产40%左右。藜麦霜霉病严重的藜麦种植区部分地块绝产。

不同种植区的藜麦霜霉病病菌种群不同，藜麦不同品种感染霜霉病时症状不同，在部分叶片有明显粉红色霉层，后期叶片枯黄、脱落、籽粒空秕，也在部分品种上表现为黄色病斑。霜霉病症状表现为初期叶片正面病斑形状不规则，淡黄色，病健交界清晰，有时在叶片上出现较少淡粉色或淡灰色霉层；至发病中期，叶片两面表现出不同症状，正面出现粉红色的病斑，背面为淡黄色并伴有霉层出现；发病后期叶片枯黄、掉落。叶片受损，进而影响光合作用，对藜麦的生产造成损失。

（二）防治措施

藜麦霜霉病病菌传播主要通过雨水或风，温度高时更易感染发病。防治霜霉病时，完全根治比较困难，可通过筛选出抗性品种、选择合理的种植方式、进行营养管理、控制种植密度等方式进行防治。也可通过降低田间湿度，依据田间需水情况进行灌溉；同时及时拔除侵染植株，减少田间菌源。

藜麦霜霉病发病时可选用50%多菌灵可湿性粉剂600～800倍液，或66.8%霉多克可湿性粉剂800～1000倍液喷雾，将药液喷到基部叶背面等措施进行防治。也可用80%烯酰吗啉水分散粒剂 2000 ~ 3000 倍液喷雾防治，还可用 25% 嘧菌酯悬浮剂 1000 ~ 2000 倍液、80% 霜脲氰水分散粒剂 2500 倍液、25% 精甲霜灵 2000 ~ 2500 倍液、霜霉威 600 倍液喷雾防治。

二、藜麦根腐病

（一）症状

藜麦根腐病主要由真菌、线虫、细菌引起，主要为害植株根部，造成根部腐烂，导致水分和各种营养无法供应给茎叶，叶片发黑变黄，严重时植株枯萎、死亡。此病害主要侵害根部，多从根尖开始侵染，使得植株根系呈褐色，并逐渐向上扩展，最终导致根系坏死腐烂。

（二）防治措施

藜麦根腐病的发生主要在 7 ~ 8 月，降雨多，气候湿润，土壤透气性较差，病菌可快速侵入植株。防治该病应在雨后及时排水，拔除病株，并在病穴撒生石灰灭菌，阻止其进一步蔓延；施肥时应用充分腐熟的有机肥，并以氮、磷、钾肥配合使用。发病时可选用 98% 恶霉灵可湿性粉剂 2000 倍液或用 45% 特克多悬浮剂 1000 倍液在植株的根部、叶面喷施，减缓病害，如根腐病为害严重，也可用生命一号或甲霜恶霉灵灌根防治。

三、藜麦炭疽病

（一）症状

藜麦炭疽病在我国少部分种植区发生，主要为害藜麦叶片和茎秆。叶片染病，初期呈现近圆形病斑，后期逐渐变大呈不规则形，受害严重植株叶片上病斑密布，相互连接，致叶片枯死；茎秆染病初期为水渍状坏死，严重时发病部位以上的茎、叶萎蔫枯死。

（二）防治措施

防治该病可在播种前用 50℃左右温水浸泡种子 15 分钟，发病时及时清理并销毁病残落叶；也可用 40% 福星乳油 8000 倍液每 7 ~

10 天防治一次，连续防治 1 ～ 3 次。

四、藜麦黑秆病

（一）症状

藜麦黑秆病一般在植株抽穗后，从茎基部开始发病，发病初期病斑为灰白色，发病后期病斑颜色加深至黑色，扩展为不规则梭形，严重时病斑扩展至整个植株，使整个茎秆变为黑色，植株枯死。藜麦黑秆病典型症状发现引起藜麦黑秆病的病原菌为茎点霉。

（二）防治措施

藜麦黑秆病借风雨传播为害，一般在雨后易积水的地势低洼处、种植密度大且长势较差的地段发病较重。可选用 0.5% 甲霜灵 + 2.5% 噁霉灵、60% 苯醚甲环唑 + 40% 醚菌酯、10% 氟硅唑对发病部位喷施进行防治。

五、藜麦叶斑病

（一）症状

藜麦叶斑病在不同种植区均有不同程度为害。藜麦叶斑病的症状为病叶出现圆形或近圆形病斑，直径 1 ～ 4 毫米，病斑边缘褐色，中央黄白色，上有小黑点着生，发病后期病斑中央穿孔。引起藜麦叶斑病的病原菌有 3 种，分别为交链格孢菌、细极链格孢菌、芸薹链格孢菌，感病初期出现黄色斑点，后期变为褐色或深褐色螺纹状，严重时病斑中央穿孔，病斑大小不一。藜麦叶斑病病斑最先出现在植株中下部叶片上，后逐渐向上扩展；发病初期病斑呈圆形、近圆形，淡黄色；中后期病斑正面为浅褐色、灰褐色，表面稍隆起，上附着点状霉层，中央呈浅灰色并伴有褐色至暗褐色细线圈，周缘有黄色晕圈，直径 3.9 ～ 7.6 毫米，平均直径 5.4 毫米，严重时病叶变黄，易脱落。

（二）防治措施

藜麦叶斑病主要在雨季发生，可用 43% 戊唑醇 3000 ～ 4000

倍液、23% 吡唑醚菌酯 1500 倍液、40% 苯醚甲环唑 1200 倍液喷药防治，并交替使用。如果植株同时感染霜霉病、叶斑病、黑秆病，可以选择 25% 吡唑醚菌酯乳油或 25% 吡唑醚菌酯混合 80% 烯酰吗啉使用。

第二节　藜麦虫害

一、藜麦主要虫害

藜麦种植区主要虫害包括地上害虫和地下害虫。地下虫害有象甲虫、蛴螬、金针虫、地老虎、蝼蛄等;地上虫害有金龟子、豆芫菁、小菜蛾等。象甲虫、地老虎、蝼蛄等地下害虫在藜麦苗期进行为害，主要啃食幼苗的根茎部，使得幼苗枯萎；豆芫菁、金龟子、小菜蛾等地上害虫在藜麦生长期主要为害叶片部分，啃食叶片，虫害严重时会吃光叶子。

二、虫害的防治方法

防治藜麦害虫，可通过安装太阳能杀虫灯，利用成虫的趋光性来诱杀，也可用生物农药防治。可在播种前每亩用辛硫磷颗粒剂 5 毫克或克百威掺农家肥进行防治，但直接撒施辛硫磷颗粒会对藜麦幼苗造成毒害。

ལེའུ་དང་པོ། སྤྱི་བཤད།

ས་བཅད་དང་པོ། ལི་གྲོ་འདེབས་གསོའི་ལོ་རྒྱུས།

ལི་གྲོའི་ཐོག་མའི་ཐོན་ཡུལ་ནི་མེ་གླིང་ལྷོ་མའི་ཨན་ཏི་སི་རི་ཁུལ་ཡིན་པ་དང་། འདིའི་འབྱུང་ཁུངས་ནི་ཕེ་རུ་དང་པོ་ལི་བྷེ་ཡའི་ཐི་ཁི་ཀ་ཀ་མཚོའུ་ཡི་མཐའ་འཁོར་ས་ཁུལ་ཡིན། ལི་གྲོ་བཏབ་པའི་ལོ་རྒྱུས་ནི་ལོ་རྫ5000ལྷག་ཙམ་ཟིན་པ་དང་ཐོན་སྐྱེད་བྱེད་པའི་རྒྱལ་ཁབ་གཙོ་བོ་ནི་པོ་ལི་བྷེ་ཡ་དང་ཨེ་ཁྭ་ཏོར། ཕེ་རུ་བཅས་ཡིན། འདི་ཉིད་སྔོན་ཆད་ཀེ་ལུན་པུའུ་སྔོན་མའི་ཤེས་རིག་གི་དུས་སུ་འདེབས་གསོ་དང་བེད་སྤྱོད་བྱས་མྱོང་ཡོད། སྐབས་ཐོག་ཏུ་ས་གནས་དེ་གའི་འབྲུ་རིགས་གཙོ་བོ་ཞིག་ཡིན་མོད། འོན་ཀྱང་སི་ཕེན་པ་སླེབས་རྗེས་འབྲུ་རིགས་ཀྱིས་འདིའི་ཚབ་བྱས་འདུག སྤྱི་ལོའི་སྔོན་གྱི3000~5000ལོའི་བར་དུ། མེ་གླིང་གི་མིས་ལི་གྲོ་འདུལ་གསོ་བྱས་ཤིང་། ཆི་ལིའི་ཐ་ལ་ཕ་ཁ་དང་ཁ་ལ་མ། ཨ་ལི་ཁའི་དུར་ཁུང་། ཕེ་རུའི་ས་ཁུལ་མི་འདྲ་བ་བཅས་ཀྱི་གནའ་རྫས་རྟོག་ཞིབ་ཁྲོད་དུ་ལི་གྲོ་རྙེད་མྱོང་ཡོད།

ལི་གྲོའི་གཞི་ཁྱོན་ཆེ་བའི་ཚོང་ལས་ཅན་གྱི་འདེབས་གསོ་ནི་མེ་གླིང་བྱང་མ་ནས་སྤེལ་མགོ་ཚུགས་ཤིང་། 1983ལོའི་ཨ་རིའི་ཁོ་ལུའོ་ལ་ཏུའོ་ས་ཁུལ་དུ་ཁུངས་འདེད་བྱས་ཆོག་པ་དང་། དེའི་འཕྲོར་ཕ་རིང་ཐོན་བྱང་རྒྱུད་དང་མོ་ཞི་ཁོ་ཁུལ་གསར་བའི་བྱང་རྒྱུད་དུ་མཆེད་ཡོད། ས་ཁུལ་འདི་དག་ཚང་མ་ས་བབ་ཅུང་མཐོ་

བའི་ས་ཁུལ་ཡིན། དུས་རབས20པའི་ལོ་རབས80པའི་དུས་མཇུག་ཏུ་སླེབ་དུས། ཁ་ན་ཏས་ཀྱང་ཚོང་ལས་རྣམ་པའི་ཐོག་ནས་ལི་ཙྭ་འདེབས་འཛུགས་བྱེད་མགོ་བཙུགས་པ་དང་། དེའི་འཁོར་ཡོ་རོབ་ཀྱི་དབྱིན་ཇི་དང་ཧེན་མག ཧོ་ལན། སུའེ་ཏེན། ཧྲ་རན་སེ། དབྱི་ཐ་ལི་སོགས་རྒྱལ་ཁབ་ཀྱིས་ཀྱང་གཅིག་མཇུག་གཉིས་མཐུད་ཀྱིས་ཚོད་འདེབས་བྱེད་མགོ་ཚུགས། འདེབས་མགོ་འཛུགས་ཡུན་ཕྱི་ཤོས་ནི་ཡ་གླིང་དང་ཧྥེ་གླིང་ཡིན། རྒྱ་གར་ནི་ཡ་གླིང་ནས་ལི་ཙྭ་ཚོད་འདེབས་དུས་ཡུན་ཆེས་སྔ་བའི་རྒྱལ་ཁབ་ཡིན་ཞིང་། དུས་རབས20པའི་ལོ་རབས80ནང་དུ། རྒྱ་གར་གྱི་བྱང་རྒྱུད་དང་ཧི་མ་ལ་ཡའི་རི་ཁུལ་དུ་ལི་ཙྭ་ཚོད་འདེབས་བྱེད་བཞིན་ཡོད་དོ། །

དུས་རབས20པའི་ལོ་རབས80ནང་དུ། ལི་ཙྭ་ཀྲུང་གོ་ནས་འདེབས་གསོ་བྱེད་མགོ་ཚུགས་པ་དང་། 1978ལོར་བོད་ལྗོངས་ཞིང་ཕྱུགས་སློབ་གླིང་དང་བོད་ལྗོངས་ཞིང་ལས་ཚན་རིག་ཁང་གིས་ལི་ཙྭ་མཚོ་བོད་མཐོ་སྒང་དུ་ནང་འདྲེན་བྱས་ནས་ཚོད་ལྟའི་ཞིབ་འཇུག་བྱས་པ་ཡིན། 1992~1993ལོའི་བར་དུ། བོད་ལྗོངས་ས་ཁོངས་ཀྱི་རྒྱ་ཁྱོན་ཆུང་ངུའི་འདེབས་འཛུགས་ལ་གྲུབ་འབྲས་ཐོབ་ཡོད། དུས་རབས21པའི་དུས་མགོར། མཚོ་སྔོན་ཚ་འདམ་གཞོངས་རྒྱུད་དུ་འདེབས་འཛུགས་གྲུབ་འབྲས་ངེས་ཅན་ཐོབ་པ་དང་། དེའི་འཁོར་མཚོ་བྱང་བོད་རིགས་རང་སྐྱོང་ཁུལ་དང་མཚོ་ལྷོ་ཁུལ་སོགས་སུ་སྔ་རྗེས་སུ་འདེབས་འཛུགས་བྱས་ཤིང་། 2010ལོའི་སྔ་རྗེས་སུ། ལི་ཙྭ་ནི་ཧྲུན་ཞི་དང་ཀན་སུའུ་སོགས་སུ་གཞི་ཁྱོན་ཅན་གྱི་འདེབས་འཛུགས་བྱེད་མགོ་ཚུགས་པ་ཡིན།

ས་བཅད་གཉིས་པ། ལི་ཙྭའི་ཞིང་ལས་དཔལ་འབྱོར་ཁྲོད་ཀྱི་གོ་གནས།

ལི་ཙྭར་ས་རྒྱུ་དང་གནམ་གཤིས་ཀྱི་ཆ་རྐྱེན་ཐད་ནས་མཐུན་འཕྲོད་རང་བཞིན་

ཧ་ཅང་ཆེན་པོ་ལྡན་ཞིང་། ལི་གྲོ་ནི་ཨན་ཏི་སི་རི་ཁུལ་ནས་འཛམ་གླིང་གི་ཡུལ་གྲུ་སོ་སོར་དར་ཁྱབ་བྱུང་བ་དང་བསྟུན་ནས། འདེབས་ཐྲོན་རྒྱུན་ཆད་མེད་པར་ཇེ་ཆེར་འགྲོ་བཞིན་ཡོད། ལི་གྲོར་འཚོ་བཅུད་ཀྱི་རིན་ཐང་ཆེན་པོ་ལྡན་པ་དང་། སྤྲི་དཀར་རྫས་ཀྱི་འདུས་ཚད16%ཡས་མས་ཡོད་ཅིང་། ཆུ་འབྲས་དང་མ་རྫོས་ལོ་ཏོག་ལས་མཐོ་བ་དང་། གྲོ་དང་འདྲ་མཚུངས་ཡིན་པས། ཕུན་སུམ་ཚོགས་པའི་དགོས་ངེས་ཀྱི་ཨན་གཞི་སྦྱོར་ལྡན་པར་མ་ཟད། བསྡུར་ཚད་ཀྱང་དོ་མཉམ་ཡིན་པས། མིའི་ལུས་ཁམས་ཀྱིས་སྤྱོད་ལེན་བྱེད་སླ། དུས་མཚུངས་སུ་ད་དུང་འཚོ་རྒྱུBདང་འཚོ་རྒྱུC འཚོ་རྒྱུEདང་གཉེར་རྒྱུ་སོགས་འདུས་ཡོད། དེ་བཞིན་ཆལ་ཀམ་དང་ལྕགས་མང་། ཧོང་ཐུང་སོགས་དངོས་པོ་འདུས་ཡོད། ཕུན་སུམ་ཚོགས་པའི་འཚོ་བཅུད་རིན་ཐང་ཡོད་པ་ལས་གཞན། འབྲུ་རིགས་བདེ་འཛུགས་ལ་ཁག་ཐེག་བྱེད་པའི་ཐད་ནས་ཀྱང་དོན་སྙིང་གལ་ཆེན་ལྡན། དེ་བས་ལི་གྲོ་ཁ་གསབ་འབྲུ་རིགས་ལོ་ཏོག་བྱེད་པ་ཡིན་ན། སྲན་ཆེན་གྱི་དགོས་མཁོ་ཇེ་ཆུང་དུ་གཏོང་བའི་ཐད་ནས་དོན་སྙིང་གལ་ཆེན་ལྡན།

ལི་གྲོ་ནི་ཙུང་ཧྭའི་ལོ་ཏོག་ཆུང་དུ་ཡིན་པའི་ཆ་ནས། ཞིང་ལས་སྐྱེ་ཁམས་ཁུལ་མི་འདྲ་བར་མཐུན་འཕྲོད་རང་བཞིན་ལེགས་པོ་ལྡན། འདི་ཉིད་འཚོ་བཅུད་མི་འདང་བའི་མཐའ་ཁུལ་ས་གནས་སུ་སྐྱེས་ཐུབ་ལ། འཕྲོད་འཚམ་ས་རྒྱུའི་སྦྱོར་ཚའི་ཚད་ནིpH 6~8.5ཡིན་པས། སད་འཁྱགས་ཆེ་བ་དང་དུས་ཡུན་རིང་པོར་ཐན་པ་ཆེ་བ། བ་ཚྭ། དེ་མིན་ཙུང་ལེགས་པའི་ཉེ་འོད་ཁྱབ་འགྱེད་སོགས་ཀྱི་བཟོད་ཐུབ་རང་བཞིན་ངེས་ཅན་ལྡན། ལི་གྲོ་ནི་ཚྭ་སྐྱེ་དཔལ་འབྱོར་སྐྱེ་དངོས་ལེགས་པོར་གཏོགས་པས་བ་ཚྭའི་ས་ཁུལ་གྱི་སྐྱེ་དངོས་ལེགས་བཅོས་ལ་གཞལ་དུ་མེད་པའི་ནུས་པ་ལྡན། དེ་བས། ལི་གྲོས་ཞིང་ལས་སྐྱེ་ཁམས་མ་ལག་རྒྱུན་མཐུད་འཕེལ་རྒྱས་སུ་འགྲོ་བར་དོན་སྙིང་གལ་ཆེན་ལྡན།

ལི་གྲོའི་འདེབས་འཛུགས་བྱེད་སྟངས་སྟབས་བདེ་བ་དང་ཞིང་ཁའི་བདག་

གཉེར་ཡང་སྟབས་བདེ་ཡིན་པས། འདི་ནི་ཞིང་པས་དཔལ་འབྱོར་སྐྱེ་དངོས་འདེབས་འཛུགས་བྱེད་དུས་ཀྱི་གདམ་ག་ཨང་དང་པོ་ཡིན། མིག་སྔར་རྒྱལ་ནང་གི་ས་གནས་སོ་སོ་ནས་རྒྱ་ཁྱབ་དང་འདེབས་འཛུགས་བྱེད་མགོ་ཚུགས་ཡོད་པས། རང་རྒྱལ་གྱི་ལི་གྲོ་ཐོན་ལས་གསར་གཏོད་འཕེལ་རྒྱས་ཀྱི་འཕེལ་རིམ་ལ་སྐུལ་འདེད་ནུས་ལྡན་བཏང་ཡོད་པ་དང་། ཆབས་ཅིག་ཏུ་འདེབས་འཛུགས་ལས་རིགས་ཀྱི་གྲུབ་ཆ་ལེགས་སྒྲིག་དང་ས་ཁུལ་དབུལ་ཐར་ཕྱུག་འགྱུར་ལ་སྐུལ་ཁྲིད་བྱེད་པར་དོན་སྙིང་གལ་ཆེན་ལྡན།

ལི་གྲོ་ནི་དུས་རྒྱུན་དུ་ས་བབ་མཐོ་བའི་ཞིང་ཕྱུགས་སྤོལ་མའི་ས་ཁུལ་དུ་འདེབས་འཛུགས་བྱེད་བཞིན་ཡོད། ས་གནས་སོ་སོའི་ཞིག་ཁོག་སོགས་ཞིང་ལས་སྐྱེ་དངོས་གཙོ་བོ་དང་སོག་བརྗེ་རེས་འདེབས་བྱེད་བཞིན་ཡོད་པས། ཐོན་ལས་འདེབས་འཛུགས་སྒྲིག་གཞི་ཇེ་ལེགས་སུ་བཏང་བ་དང་། ཞིང་ལས་དང་དཔལ་འབྱོར་གྱི་ཕན་འབྲས་ཇེ་ཆེར་ཕྱིན་པར་མ་ཟད། ད་དུང་ནད་འབུའི་གནོད་འཚེ་ཇེ་ཉུང་གཏོང་བར་དོན་སྙིང་གལ་ཆེན་ལྡན།

མི་དམངས་ཀྱི་འཚོ་བ་དང་དངོས་པོའི་ཚུ་ཚད་ཇེ་མཐོར་སོང་བ་དང་དེ་བཞིན་བདེ་ཐང་གི་འདུ་ཤེས་ལ་འགྱུར་ལྡོག་བྱུང་བ་དང་བསྟུན་ནས། ལི་གྲོ་ཐོན་ལས་ཀྱི་འཕེལ་རྒྱས་ཇེ་མགྱོགས་སུ་ཕྱིན་ནས་བཟའ་བཅའི་ལས་རིགས་དང་དེ་བཞིན་སྒོ་ཕྱུགས་དང་ཁྱིམ་བྱའི་ལས་རིགས་འཕེལ་རྒྱས་ཀྱི་མདུན་ལམ་ཡང་རྒྱ་ཇེ་ཆེར་སོང་ཡོད། དེའི་མཚུངས་སུ་ལི་གྲོའི་ཐོན་རྫས་སྐྱེད་སྲིང་དང་ཐོན་སྐྱེད་ལས་སྟོན་སྒྲིག་ཆས་ཞིབ་འཇུག་གསར་སྤེལ་ཇེ་མགྱོགས་སུ་བཏང་བ་བརྒྱུད་ནས། ཐོན་རྫས་ཀྱི་རིགས་སྣ་ཡང་ཕུན་སུམ་ཇེ་ཚོགས་སུ་བཏང་བས། “གྲུབ་ཆ་ལེགས་སྒྲིག་དང་འདེབས་སྟངས་བསྒྱུར་བ། འབབ་འཕར་འགན་ལེན”བཅས་ཀྱི་ཞིང་ལས་སྲིད་ཇུས་དོན་འཁྱོལ་ཁྲིད་དུ་ནུས་པ་གལ་ཆེན་ཐོན་ངེས་ཡིན།

ས་བཅད་གསུམ་པ། ལི་གྲོ་འདེབས་འཛུགས་ཀྱི་ད་ལྟའི་གནས་བབ།

མིག་སྔར། ལི་གྲོ་ནི་བོད་ལྗོངས་དང་མཚོ་སྔོན། ཀན་སུའུ། ཧྲན་ཞི། ཧོ་ནན། ཧྲན་ཏུང་། ཡུན་ནན། ནང་སོག སི་ཁྲོན། ཀོང་ཏུང་། ཅི་ལིན་སོགས་ས་ཁུལ་དུ་འདེབས་འཛུགས་བྱེད་བཞིན་ཡོད། བསྡོམས་རྩིས་རགས་ཙམ་བྱས་པར་གཞིགས་ན། 2015ལོར་ཧྲན་ཞི་དང་མཚོ་སྔོན། ཧོ་པེ། ཀན་སུའུ་བཅས་ཞིང་ཆེན་བཞིའི་འདེབས་ཁྱོན་སྤྱི་ཚིང་ཁྲི4ཙམ་ཟིན་ཡོད། 2017ལོར་རྒྱལ་ཡོངས་ཀྱི་ལི་གྲོ་འདེབས་ཁྱོན་སྤྱི་ཚིང་ཁྲི4.3ཟིན་པ་དང་ཐོན་འབོར་ཏུན9820ཟིན་ཡོད་ཅིང་། དེའི་ནང་དུ་ཧྲན་ཞི་ནི་རང་རྒྱལ་གྱི་ལི་གྲོ་འདེབས་ཁྱོན་ཆེས་ཆེ་བའི་ཞིང་ཆེན་ཡིན་པ་དང་འདེབས་ཁྱོན་སྤྱི་ཚིང་ཁྲི2.25ཟིན་ཡོད།

2015ལོར་ཁྲང་ཁྲུན་གྲོང་ཁྱེར་ཧྲོང་དབྱང་ཆུས་དང་ཅི་ལིན་གྲོང་ཁྱེར་ཡུང་ཅི་རྫོང་། པའི་ཧྲན་གྲོང་ཁྱེར་ལིན་ཅང་གྲོང་ཁྱེར་བཅས་ཀྱི་ལི་གྲོའི་འདེབས་ཁྱོན་མུའུ་ཁྲི1ཟིན་པས། ཅི་ལིན་ཞིང་ཆེན་ནི་རྒྱལ་ནང་གི་ལི་གྲོ་འདེབས་ཁྱོན་ཆེས་ཆེ་བའི་ཞིང་ཆེན་གཉིས་པར་གྱུར་ཡོད། ཧྲན་ཞི་ཞིང་ཆེན་གྱི་ལི་གྲོ་འདེབས་གསོའི་ཞིབ་འཇུག་མང་ཆེ་བ་ཁེ་ལས་ཀྱིས་སྣེ་ཁྲིད་དེ་སྤེལ་བཞིན་ཡོད་པ་དང་། ཞིང་ལས་ཚན་ཞིབ་ཁང་དང་ཚོད་ལྟའི་ས་ཚིགས་ཀྱིས་ལོ་མང་ཞིབ་འཇུག་བྱས་པ་བརྒྱུད་ནས། ཧྲན་ཞི་ཞིང་ཆེན་གྱིས་ལི་གྲོ་འདེབས་འཛུགས་དང་ཞིང་ནང་དོ་དམ། ཐོན་འབབ་བཅས་ཀྱི་ཐད་ནས་ཐོན་སྐྱེད་ལག་ལེན་གྱི་ཉམས་མྱོང་མང་པོ་ཕྱོགས་བསྡོམས་བྱས་ཡོད་ཅིང་། དུས་མཚུངས་སུ་སྔ་སྨིན་རིགས་དང་ཕྱི་སྨིན་རིགས་ཀྱི་ལི་གྲོའི་རྒྱུད་ཕོངས་བདམས་གསོ་བྱས་ཡོད་དོ། །

ཅི་ལིན་པོ་ཏ་ཤར་ཕྱོགས་ལི་གྲོ་འཕེལ་རྒྱས་ཚད་ཡོད་ཀུང་སི་དང་ཀྲུང་གོ་ཞིང་

ལས་ཚན་རིག་ཁང་སྐྱེ་དངོས་ཚན་རིག་ཞིབ་འཇུག་ཁང་གིས་རྒྱལ་ཁབ་ཕྱི་ནང་གི་ལི་གྲོ་ཐོན་ཁུངས100ལྷག་ཙམ་ནང་འདྲེན་བྱས་ཏེ། ཁྲང་ཁྲུན་དུ་ལི་གྲོ་སོན་བཟང་འདེམས་གསོ་རྟེན་གཞི་བཙུགས་པ་དང་། 2015ལོའི་ཟླ8པར། ཀུང་སི་འདི་ཉིད་དང་ཀྲུང་གོ་སྐྱེ་དངོས་སློབ་ཚོགས་ལི་གྲོ་ཡན་ལག་མཐུན་ཚོགས་ཀྱིས"སྐབས་དང་པོའི་ཀྲུང་གོའི་ལི་གྲོ་ཐོན་ལས(ཁྲང་ཁྲུན)ཀྱི་མཐོ་རིམ་གླེང་སྟེགས"གཉེར་བས། ཅི་ལིན་ཞིང་ཆེན་དང་ཐ་ན་རྒྱལ་ཡོངས་ཀྱི་ལི་གྲོ་འདེབས་འཛུགས་ལས་རིགས་འཕེལ་རྒྱས་སུ་འགྲོ་བར་སྐུལ་འདེད་ནུས་ལྡན་ཐེབས་ཡོད།

ཀན་སུའུ་ཞིང་ཆེན་ནི་ལི་གྲོ་ཚོད་འདེབས་ཞིབ་འཇུག་བྱེད་ཡུན་རིང་ཤོས་ཀྱི་ཞིང་ཆེན་གྲས་ཀྱི་གཅིག་ཡིན་པ་དང་། 2010ལོར། ཀན་སུའུ་ཞིང་ཆེན་ཞིང་ལས་ཚན་རིག་ཁང་གི་རྩྭ་ཐང་དང་ལྗང་མདོག་ཞིང་ལས་ཞིབ་འཇུག་ཁང་གིས་པོ་ལི་ཝེ་ཡ་ནས་ལི་གྲོའི་རིགས་སྣ་ནང་འདྲེན་བྱས་ཏེ་ཚོད་འདེབས་བྱས་པ་དང་། ཆབས་ཅིག་ཏུ། 2011ལོ་དང2012ལོར་ཡུང་ཅིང་ས་ཁུལ་དུ་ས་བོན་ཞིབ་བསྡུར་ཚོད་ལྟ་བྱས་ནས་ལི་གྲོའི་སོན་བཟང་བདམས་པ་ཡིན། ལེགས་འདེམས་བྱས་པའི་རྒྱུ་ཆ2013ལོ་དང2014ལོར་ཀན་སུའུ་ཞིང་ཆེན་ཞིང་ལས་སྐྱེ་དངོས་ས་བོན་ཞིབ་བཤེར་གཏན་འབེབས་ཨུ་ཡོན་ལྷན་ཁང་གིས་སྒྲིག་འཛུགས་བྱས་པའི་ས་ཁོངས་ཚོད་ལྟ་དང་ཐོན་སྐྱེད་ཚོད་ལྟའི་ཁྲོད་དུ་ཞུགས་ནས་ལུང་ལི་ཨང་དང་པོ་གཏན་ཁེལ་བྱས། འདི་ཡང་རང་རྒྱལ་གྱིས་ཐོག་དང་པོར་དངོས་སུ་ཐོ་འགོད་གཏན་ཁེལ་བྱས་པའི་ལི་གྲོའི་རིགས་སྣ་ཡིན།

ཧོ་པེ་ཞིང་ཆེན་གྱི་ལི་གྲོའི་ཐོན་ལས་འཕེལ་རྒྱས་མགོ་ཚུགས་པའི་དུས་ཡུན་ཅུང་འཕྱི་བ་དང་། ཀྲང་ཙ་ཁའུ་གྲོང་ཁྱེར་ཞིང་ལས་ཚན་རིག་ཁང་གིས2013ལོར་ཧྲན་ཞི་ཞིང་ཆེན་ཅིན་ལེ་རྫོང་གི་ལི་གྲོའི་རྒྱུ་ཆ་བཞི་ནང་འདྲེན་བྱས་ནས་ཚོད་འདེབས་བྱས་པ་ཡིན། 2014ལོར་ཞིབ་འཇུག་ཁང་འདི་ཉིད་ཀྱིས་ཀྲང་པེ་རྫོང་དུ་ལི་གྲོ་འདེབས་

གསོའི་རྟེན་གཞི་བཙུགས་པ་དང་། རིགས་སྣ་མི་འདྲ་བའི་ཐོན་ཁུངས230ལྷག་ཙམ་འདེམས་གསོ་བྱས་ཤིང་། འཚར་ལོངས་གྲལ་དག་དང་ཁ་དོག་གཅིག་མཐུན་གྱི་རྒྱུ་ཆ8ལེགས་འདེམས་བྱས། དེའི་ནང་གི་རྒྱུ་ཆ6ནི2014ལོའི་ཧོ་པེ་ཞིང་ཆེན་ས་ཁོངས་ཀྱི་འཚམ་མཐུན་རང་བཞིན་གྱི་ཚོད་ལྟའི་ཁྲོད་དུ་ཞུགས་ནས་མུའུ་རེའི་ཆ་སྙོམས་ཐོན་འབོར་སྟོང་ཁེ200ཡན་ཟིན། ཀྲང་ཙ་ཁའུ་གྲོང་ཁྱེར་ཞིང་ལས་ཚན་རིག་ཁང་གིས་ཧོ་པེ་ཞིང་ཆེན་ལྷུའི་ཇོང་ཞིང་འཕྲུལ་ཀུང་སི་དང་མཉམ་དུ་ལི་གྲོ་ཆེད་སྤྱོད་སོན་འདེབས་འཕྲུལ་འཁོར་ཞིབ་འཇུག་གསར་སྤེལ་བྱས་པ་དང་། དུས་མཚུངས་སུ་འདེབས་གསོའི་འདུས་ཚད་དང་ལུད་རྒྱག་པ། འདེབས་འཛུགས་བྱེད་སྟངས་སོགས་ལི་གྲོ་འདེབས་གསོའི་ལག་རྩལ་ཞིབ་འཇུག་ལས་དོན་སྤེལ། 2015ལོར་ཀྲང་ཙ་ཁའུ་གྲོང་ཁྱེར་ཞིང་ལས་ཚན་རིག་ཁང་གིས་ལི་གྲོ་ཞིབ་འཇུག་ཁང་བཙུགས་པ་དང་། འདི་ནི་མིག་སྔར་རང་རྒྱལ་གྱི་ཆེད་ལས་རང་བཞིན་གྱི་ལི་གྲོ་ཞིབ་འཇུག་ཁང་གཅིག་པུ་ཡིན།

བོད་རང་སྐྱོང་ལྗོངས་ཀྱིས་དུས་རབས20པའི་ལོ་རབས90ནང་དུ་ལི་གྲོ་ལ་ཞིབ་འཇུག་མང་ཙམ་བྱས་པ་དང་། ལི་གྲོའི་རྒྱུད་ཁོངས་བཅུ་ལྷག་ཙམ་འདེམས་གསོ་བྱས་ཡོད། ནང་སོག་ཞིང་ལས་སློབ་ཆེན་གྱིས1988ལོར་ལི་གྲོ་ནང་འདྲེན་བྱས་ཤིང་། 1992ལོར་ལི་གྲོ་སྐྱེ་དངོས་རིག་པའི་ཁྱད་ཆོས་དང་ཐོན་འབབ་ལེགས་པའི་འདེབས་འཛུགས་ལག་རྩལ་ལ་ཞིབ་འཇུག་བྱས། དུས་མཚུངས་སུ། ནང་སོག་དབྱི་ཅི་སྐྱེ་དངོས་ཚན་རྩལ་ཚད་ཡོད་ཀུང་སི་ཡིས2015ལོར་ཧུའུ་ཧོ་ཧའོ་ཐེ་གྲོང་ཁྱེར་གྱི་ཉེ་འཁོར་དུ་ལི་གྲོ་མུའུ300ཙམ་བཏབ་པ་ཡིན། སི་ཁྲོན་ཞིང་ཆེན་གྱིས2015ལོར་ཁྲིང་ཏུའུ་གྲོང་ཁྱེར་གྱི་ལུང་ཆོན་ཆུས་དང་ཅིན་ཐང་རྫོང་། དེ་བཞིན་ཞིས་ཁྲང་གྲོང་ཁྱེར་གྱི་མེ་ཀུའུ་རྫོང་དང་ཡན་ཡོན་རྫོང་དུ་རྒྱ་ཁྱོན་ཆུང་ངུ་འདེབས་འཛུགས་ཚོད་ལྟ་བྱས་ནས། ཁྲིང་ཏུའུ་ས་ཁུལ་གྱི་འདེབས་ཁྱོན་ཡག་ཤོས་ཀྱི་དུས་ཚོད་ནི་ཟླ3པའི་ཟླ་སྟོད་

དུ་གཏན་ཁེལ་བྱས་པ་དང་། ཅིན་ཐང་རྫོང་གི་ཆོད་འདེབས་བྱ་ཡུལ་གྱི་ཆ་སྙོམས་ཐོན་འབོར་ནི་མུའུ་རེར་སྨྱང་ཁེ210དང་ལུང་ཆོན་རྩུས་ཀྱི་ཆ་སྙོམས་ཐོན་འབོར་ནི་མུའུ་རེར་སྨྱང་ཁེ195ཡིན། ཉེ་བའི་ལོ་གཉིས་ནང་དུ། ཧྲན་ཏུང་གའོ་སྨི་དང་ཧྲན་ཏུང་ཀྲུའུ་ཁྲིང་། ཅང་སུའུ་ནན་ཅིང་། ཨན་ཧུའི་ཧོ་ཧྥེ། ཀུའེ་ཀྲོའུ་ཀུའེ་དབྱང་སོགས་སུའང་ལི་གྲོ་ཆོད་འདེབས་བྱེད་བཞིན་ཡོད་དོ། །

མཚོ་སྔོན་ཞིང་ཆེན་གྱིས2010ལོ་ནས་བཟུང་ཆོད་འདེབས་ནང་འདྲེན་བྱས་པ་དང་། 2013ལོར་མཚོ་སྔོན་ཞིང་ཆེན་མིན་ཧོ་རྫོང་གིས་ཨ་རིའི་ལི་གྲོ་ནང་འདྲེན་བྱས་ནས་ཆོད་འདེབས་བྱས་པར་གདེང་འཇོག་བྱས། 2014ལོར་མཚོ་སྔོན་ཞིང་ཆེན་མཚོ་ནུབ་སོག་རིགས་བོད་རིགས་རང་སྐྱོང་ཁུལ་གྱི་དབུས་ལམ་དང་གཏེར་ལེན་ཁ། ན་གོར་མོ་བཅས་གྲོང་ཁྱེར་གྱིས་གཞི་ཁྱོན་ཅུང་ཆེ་བའི་ལི་གྲོ་འདེབས་མགོ་བཙུགས་པ་དང་། སྤྱིའི་འདེབས་ཁྱོན་མུའུ2250ཟིན་ཞིང་ཆ་སྙོམས་ཐོན་འབོར་མུའུ་རེར་སྨྱང་ཁེ160ཟིན་ཞིང་། ཐོན་འབབ་མཐོ་ཤོས་ལ་མུའུ་རེར་སྨྱང་ཁེ409ཟིན། མཚོ་སྔོན་ས་ཁུལ་གྱི་ལི་གྲོ་འདེབས་འཛུགས་ཁུལ་གཙོ་བོ་ནི་མཚོ་ནུབ་ཁུལ་གྱི་དབུས་ལམ་རྫོང་དང་གཏེར་ལེན་ཁ་གྲོང་ཁྱེར་གྱི་མཐའ་འཁོར། ན་གོར་མོ་གྲོང་ཁྱེར་གྱི་ཉེ་འཁོར་བཅས་ཡིན་པ་དང་། ཟི་ལིང་དུའང་རྒྱ་ཁྱོན་ཆུང་དུ་འདེབས་འཛུགས་བྱས་ཡོད། ལི་གྲོའི་ཐོན་སྐྱེད་རྟེན་གཞི་གཙོ་བོ་ནི་མཚོ་སྔོན་ཞིང་ཆེན་མཚོ་ནུབ་ཁུལ་གྱི་ཧོ་ཤིས་ཞིང་ར་དང་ནུའོ་མུའུ་ཧུང་ཞིང་ར། ཏ་གེ་ལ་ཞང་བཅས་ཡིན། མཚོ་སྔོན་ས་ཁུལ་དུ་བཏབ་པའི་ལི་གྲོ་ལ་འབྲུ་རྡོག་ཆེ་བ་དང་ཚོས་གཞི་དཀར་བ། ས་བོན་ལེགས་པ་སོགས་ཀྱི་ཁྱད་ཆོས་ལྡན།

ས་བཅད་བཞི་པ། ལི་གྲོ་ཐོན་ཁུལ་གྱི་ཁོར་ཡུག

1988ལོར། ལི་གྲོ་སློག་འདོན་བྱེད་མཁན་ཨ་རིའི་འབྲུམ་རམས་པ་ཀུའོ་རུའེ་ཏ་སྟི་ཧྥེན་ཕིན(StephenL.Gorad)གྱིས་ལི་གྲོ་མོ་ཞི་ཕོ་ནས་ཞིབ་འཇུག་ཟབ་སྦྱོང་བྱེད་བཞིན་པའི་བོད་རང་སྐྱོང་ལྗོངས་ཞིང་ཕྱུགས་ཚན་རིག་ཁང་གི་འབྲུམ་རམས་པ་མགོན་པོ་བཀྲ་ཤིས་ལ་འོས་སྦྱོར་བྱས་པ་དང་། དེ་ནས་བཟུང་ཁོང་གིས་ཚོགས་པ་སྡེ་ཁྲིད་ནས་ལི་གྲོར་ལོ20རིང་ལ་ཞིབ་འཇུག་བྱས་པ་ཡིན། 1996ལོར་སླེབ་དུས། ལི་གྲོ་མཚོ་བོད་མཐོ་སྒང་ནས་འཚར་ལོངས་བྱུང་རྗེས་ཀྱི་སྐྱེ་དངོས་འཕྲོད་མཐུན་རང་བཞིན་དང་འཚར་ལོངས་ཀྱི་ཆོས་ཉིད། སྐྱེ་དངོས་རིག་པའི་ཁྱད་ཆོས། འཚོ་བཅུད་ཀྱི་གྲུབ་ཆ། དེ་བཞིན་གཞི་རྒྱུའི་ཚོགས་པའི་རིག་པ་སོགས་ལ་བརྒྱུད་རིམ་ལྡན་པའི་ཞིབ་འཇུག་བྱས་ཡོད། མེ་གླིང་ལྷོ་མའི་ཨན་ཏི་སིའི་ལི་གྲོ་སྐྱེ་དངོས་རིག་པའི་ཁྱད་ཆོས་དང་བསྡུར་ན། སྐྱེ་ཁམས་ཁོར་ཡུག་དང་གནམ་གཤིས། ས་གཤིས་ཆ་རྐྱེན་སོགས་གང་གི་ཆ་ནས་ཀྱང་། ལི་གྲོ་ནི་མཚོ་བོད་མཐོ་སྒང་ནས་འདེབས་འཛུགས་བྱེད་པར་འཚམ་པ་ཡིན་ནོ། །

ལི་གྲོའི་ཐོན་ཡུལ་དངོས་ནི་མེ་གླིང་ལྷོ་མའི་ཨན་ཏི་སི་རི་ཁུལ་དུ་ཡོད་པའི་པེ་ལི་ལྷེ་ཡ་དང་། ཨེ་ཁྭ་ཧོར་དང་པེ་རུ། ཀྲི་ལི་སོགས་ཡིན་ཞིང་། གྲང་དར་ཐེག་ཐུབ་པ་དང་ཐན་པ་ཐེག་ཐུབ་པ། ས་རྒྱུ་ཞན་པ་དང་རྩྭ་བཟོད་པ་སོགས་ཀྱི་ཁྱད་ཆོས་ལྡན་པས། འདི་ནི་གནམ་གཤིས་གྲང་མོ་དང་ས་བབ་མཐོན་པོར་འཚམ་པའི་སྐྱེ་དངོས་ཡིན། འདིའི་ཁྲོད་དུ། ལི་དཀར་གྱི་འདེབས་འཛུགས་ནི་རྒྱ་མཚོའི་ངོས་ལས་མཐོ་ཚད་སྨི1500~3000ཡིན་པ་དང་འཚར་ལོངས་ཀྱི་དུས་འཁོར་ཐུང་། ལི་དམར་དང་ལི་ནག་གཉིས་ཀྱི་འདེབས་འཛུགས་ནི་རྒྱ་མཚོའི་ངོས་ལས་མཐོ་ཚད་སྨི2800~4000ཡིན་

ཞིང་། འཚར་ལོངས་ཀྱི་དུས་འཁོར་རིང་བ་དང་ཧ་ལམ་ལི་དཀར་གྱི་ལྷབ1.5ཡིན།

ཀྲུང་གོས་ལི་གྲོ་ནང་འདྲེན་བྱེད་ཡུན་སྔ་ཤོས་ཀྱི་འདེབས་འཛུགས་ཁུལ་ནི་བོད་ལྗོངས་མཐོ་སྒང་ཡིན་པ་དང་། འདེབས་འཛུགས་ཁོར་ཡུག་ལི་གྲོའི་འཚར་ལོངས་ལ་འཚམ་ཞིང་། འཚོ་བཅུད་ཀྲུང་ས་ཁུལ་གཞན་དག་དང་བསྡུར་ན་ཧ་ཅང་ཕུན་སུམ་ཚོགས་པོ་ཡོད། མཚོ་སྔོན་ཞིང་ཆེན་གྱི་མཚོ་ནུབ་ཁུལ་ནི་མཚོ་སྔོན་གྱི་ལི་གྲོ་ཐོན་ཁུལ་གཙོ་བོ་ཡིན། རྒྱུ་མཚན་ནི་ས་གནས་འདི་གའི་ཁོར་ཡུག་དང་ལི་གྲོ་ཐོན་ཡུལ་གྱི་ཨན་ཏི་སི་རི་བོ་དང་ཧ་ཅང་འདྲ་མཚུངས་ཡིན་པས། རྒྱལ་ནང་གི་ལི་གྲོ་འདེབས་རྒྱུར་ཆེས་འཚམ་ཤོས་ཀྱི་ས་ཆར་ངོས་འཛིན་བྱེད་བཞིན་ཡོད། འདིའི་ནང་དུ། མཚོ་སྔོན་ཞིང་ཆེན་མཚོ་ནུབ་ཁུལ་སྲིད་གཞུང་གཏེར་ལེན་ཁ་ནི་ཚྭ་འདམ་གཤོངས་སའི་བྱང་ཤར་རྒྱུད་དུ་གནས་པ་དང་། ས་གནས་འདི་གའི་ལི་གྲོ་འདེབས་འཛུགས་ཁུལ་ནི་ས་བབ་མཐོ་ཚད་སྨི3000ཟིན་པའི་མཐོ་སྒང་གི་གཤོང་སར་གནས་ཤིང་། ལོར་ཆར་ཆུ་འབབ་ཚད་ཧའོ་སྨི300ཟིན་པ་དང་། འདི་ཉིད་བཟོ་ལས་ཁུལ་དང་རྒྱང་ཐག་རིང་བ་དང་ས་རྒྱུའི་སྐྱེ་ཁམས་ལ་སྦགས་བཙོག་མེད་པས། ལི་གྲོ་ཐོན་རྫས་ཀྱི་སྤུས་ཚད་ལྟོས་བཅས་ཀྱིས་ཐོན་ཁུལ་གཞན་དག་དང་བསྡུར་ན་ལྷག་ཏུ་སྤུས་ལེགས་ཡིན་ནོ། །

ས་བཅད་ལྔ་པ། ལི་གྲོའི་འཕེལ་རྒྱས་ཀྱི་ད་ལྟའི་གནས་བབ།

གཅིག ཕྱི་རྒྱལ་འཕེལ་རྒྱས་ཀྱི་ད་ལྟའི་གནས་བབ།

གོ་ལ་ཧྲིལ་པོའི་ལི་གྲོ་འདེབས་ཁྱོན་ལོ་རེ་བཞིན་ཇེ་ཆེར་སོང་བ་དང་བསྟུན་ནས། གླིང་ཆེན་ཨ་མེ་རི་ཁ་དང་ཡོ་རོབ་གླིང་། ཡ་གླིང་དང་ཧྲེ་གླིང་སོགས་ས་ཁུལ་གྱིས་ལི་གྲོ་ནི“འབྲུ་རིགས་བདེ་འཛུགས་འགན་ལེན་བྱེད་པའི་འཐབ་རྩལ་རང་བཞིན་གྱི་ལོ་ཏོག”ལ་བརྩིས་ནས་རང་ཁོངས་ཅན་གྱི་གསར་སྤེལ་བྱེད་བཞིན་ཡོད། ལི་གྲོ་

ཉི་བཟའ་བཅའ་གཙོ་བོ་ཅན་དང་སྣ་མང་ཅན་དུ་འཕེལ་རྒྱས་སུ་སོང་བ་དང་བསྟུན་ནས། ལི་གྲོའི་ཐོན་རྫས་གསར་བ་རྒྱུན་ཆད་མེད་པར་ཐོན་པ་དང་། དར་རྒྱས་ཆེ་བའི་རྒྱལ་ཁབ་རྣམས་ལ་སྤྱི་དགར་མཐོ་བ་དང་ཚ་རྫོད་ཆུང་བ། སྐྱེ་དངོས་ཀྱི་གསོན་ཤུགས་ཆེ་བའི་དངོས་རྫས་ཀྱི་དགོས་མཁོ་ཇེ་ཆེར་འགྲོ་བཞིན་ཡོད།

གོ་ལ་ཧྲིལ་པོའི་ལི་གྲོའི་འབྲུ་རིགས98%ཡན་མི་གླིང་ལྷོ་མ་ནས་ཐོན་པ་དང་། དགོས་མཁོ་ཆེན་པོ་ཡོད་སྐབས2008ལོ་ནས་བཟུང་ལོ་རེ་བཞིན་དགོས་མཁོ་སྐོང་ཐུབ་ཀྱིན་མེད། འོན་ཀྱང་གནམ་གཤིས་དང་ས་ཁམས་ཐོན་སྐྱེད་ཀྱི་ཆ་རྐྱེན་སོགས་ཀྱི་དབང་གིས་ལི་གྲོ་ཐོན་ཡུལ་གྱི་ཐོན་འབོར་ལ་ཚད་བཀག་ཐེབས་ཡོད་ཅིང་། 2012ལོར་གོ་ལ་ཧྲིལ་པོའི་ཐོན་འབོར་ཧྲུན་ཁྲི10ཡང་ཟིན་མེད་པར་མ་ཟད། 90%དར་རྒྱས་ཆེ་བའི་རྒྱལ་ཁབ་དང་ས་ཁུལ་གྱིས་ཉོས་ཡོད། བསྡོམས་རྩིས་བྱས་པར་གཞིགས་ན། 2010ལོར་རྒྱལ་སྤྱིའི་ཚོང་རའི་འཛད་སྤྱོད་མིང་གྲལ་གྱི་ཨང་དང་པོ་ནས་གསུམ་པའི་བར་ནི་ཨ་རི་དང་ཁ་ན་ཏ། ཡོ་རོབ་བཅས་ཡིན། 2008ལོའི་སྟོན་ལ། ལི་གྲོའི་ཐོན་འབབ་སྤྱིར་བཏང་དུ་ཧྲུན་ཁྲི5ཙམ་རྒྱུན་འཁྱོངས་ཐུབ་པ་དང་། 2009ལོ་ནས་བཟུང་། གོ་ལ་ཧྲིལ་པོའི་ལི་གྲོའི་འདེབས་ཁྱོན་དང་ཐོན་འབབ་ཚང་མ་ཆེས་ཆེར་འཕར་ནས། 2013ལོར་གོ་ལ་ཧྲིལ་པོའི་ལི་གྲོའི་ཐོན་འབབ་ཧྲུན་ཁྲི10.34འཕར་བ་དང་། 2014ལོར་གོ་ལ་ཧྲིལ་པོའི་ལི་གྲོའི་ཐོན་འབབ་ཧྲུན་ཁྲི11.46ཙམ་ཟིན། དཔྱད་གཞི་ཡིག་ཆའི་སྟེང་དུ་མངོན་གསལ་ལྟར་ན། 1992~2012ལོའི་བར་དུ་གོ་ལ་ཧྲིལ་པོའི་ལི་གྲོ་ཉོ་ཚོང་བྱེད་ཚད་ཨ་སྒོར་ཁྲི70ནས་ཨ་སྒོར་དུང་ཕྱུར1.11བར་དུ་ཇེ་མཐོར་ཕྱིན་ནས། ལོ་རེར་ཆ་སྙོམས་འཕར་ཚད28.8%ཡིན། 2008~2012ལོའི་བར་དུ། འཛམ་གླིང་གི་ལི་གྲོའི་ཐོན་འབོར་ལྡབ2.12ཙམ་འཕར་བ་དང་། ལི་གྲོའི་ཚོང་ར་འཕར་བའི་དུས་མཚམས་སུ་སླེབས་ནས། འཕར་བའི་བར་མཐོངས་དང་དཔལ་འབྱོར་གྱི་ཕན་འབྲས་སྟར་བཞིན་ཆེན་པོ་

ལྡན།

2013ལོར། མཉམ་འབྲེལ་རྒྱལ་ཚོགས་འབྲུ་རིགས་དང་ཞིང་ལས་ཟས་འཛུགས(FAO)ཀྱིས་ཞིབ་འཇུག་བྱས་པ་ལྟར་ན། ལི་གྲོ་ནི་མིའི་རིགས་ལ་ཆེས་འཚམ་པའི“འཚོ་བཅུད་ཆ་ཚང་ལྡན་པའི་བཟའ་བཅའ”ཏུ་འོས་སྦྱོར་བྱས་ནས། གོ་ལ་ཧྲིལ་པོའི་བདེ་ཐང་འཚོ་བཅུད་ཟས་རིགས་ཆེ་གྲས་བཅུའི་གྲས་སུ་བཞག་ཡོད་འདུག འདིའི་འབྲུ་ཇོག་ལ་སྤྲི་དཀར་དང་ལའི་ཨན་སྐྱུར། ཚད་མ་ལོན་པའི་ཆོལ་སྐྱུར། འཚོ་རྒྱུ་དང་གཉེར་རྒྱུ་སོགས་འཚོ་བཅུད་ཀྱི་གྲུབ་ཆ་ཙུང་མཐོ་བར་མ་ཟད། ཕུན་སུམ་ཚོགས་པའི་བཟའ་བཅའ་དང་ཚི་སྣའི་ཆུ་འཛིབ་པའི་ནུས་པ་ལྡན་ཞིང་། ཟོས་རྗེས་ཕོ་བ་རྒྱགས་པའི་ཚོར་སྣང་ཡོད་པས། ཟས་ཟ་ཚད་ཇེ་ཉུང་དུ་གཏོང་ཐུབ་པ་དང་། མི་ཚོན་པོས་ཟོས་ན་འཚམ་པོ་ཡོད། དུས་ཡུན་རིང་པོར་ལི་གྲོ་ཟོས་ན། སྙིང་ནད་ལེགས་བཅོས་དང་ཁྲག་ཤེད་མཐོ་བ། ཁྲག་རྩུགས་མཐོ་བ། ཁྲག་ཞག་མཐོ་བ་སོགས་ལ་སྐྱུལ་འདེད་ཀྱི་ནུས་པ་ལེགས་པོར་ཐོན་ཐུབ། དུས་མཚུངས་སུ་ད་དུང་མིའི་ལུས་ཕུང་གི་ནད་འགོག་ནུས་པ་མཐོར་འདེགས་དང་། བཟའ་བཏུང་གི་འཚོ་བཅུད་དོ་མཉམ་བྱེད་པ། ཚོ་བྱང་དུ་འཇུག་པ་སོགས་ལ་ཕན་པ་ཡོད། གཞན་ཡང་ལི་གྲོར་ལྡོག་འགོག་གི་ནུས་པ་ཆེན་པོ་ལྡན་པས་མཐོ་གྲང་དང་ཐན་པ། ཙྭ་བུལ་སོགས་ཀྱི་ཁོར་ཡུག་ངན་པ་དང་འཚམ་ཞིང་། ས་ཆ་གཞན་ནས་ནང་འདྲེན་བྱས་ན་འདེབས་འཛུགས་ལས་རིགས་ཀྱི་གྲུབ་ཆ་ལེགས་སྒྲིག་བྱ་རྒྱུར་དཔྱད་གཞིར་འཛིན་པའི་རིན་ཐང་ཆེན་པོ་ལྡན། ཁེར་འདེབས་ཀྱི་གྲུབ་ཆ་ཡིན་པའི་ས་ཁུལ་གྱི་འབྲུ་རིགས་ཐོན་འབབ་ཇེ་མཐོར་གཏོང་བ་དང་ཞིང་ཁའི་ས་རྒྱུ་ལེགས་བཅོས་བྱེད་པར་དོན་སྙིང་ཆེན་པོ་ལྡན།

གཉིས། རྒྱལ་ནང་ཞིབ་འཇུག་གི་ད་ལྟའི་གནས་བབ།

དུས་རབས21པར་སླེབས་རྗེས། རྒྱལ་སྤྱིའི་ཚོང་རས་ལི་གྲོའི་ཞིབ་འཇུག་དང་

ཐོན་ལས་འཕེལ་རྒྱས་ལ་ཤུགས་རྐྱེན་ཐེབས་པ་དང་བསྟུན་ནས། རྒྱལ་ནང་གི་བོད་ལྗོངས་དང་ཀན་སུའུ། ཧྲན་ཞི། མཚོ་སྔོན། ཧོ་པེ། ཧོ་ནན། ཧྲན་ཏུང་སོགས་ཞིང་ཆེན་ས་ཁུལ་གྱིས་གཅིག་རྗེས་གཉིས་མཐུད་དང་ནང་འདྲེན་དང་ཚོད་འདེབས་བྱས་ནས། ས་ཁོངས་ཀྱི་འཚམ་མཐུན་རང་བཞིན་ཅུང་ལེགས་པའི་རིགས་སྣ་ཁག་གཅིག་གདམ་གསེས་བྱས་ཡོད།

1. ལི་གྲོའི་མཐུན་འཕྲོད་རང་བཞིན་གྱི་འདེབས་འཛུགས།

སྐྱེ་དངོས་གསར་བ་ཞིག་ཡིན་པའི་ཆ་ནས། ལི་གྲོ་ཕྱི་རྒྱལ་ནས་ནང་འདྲེན་བྱེད་པའི་དུས་ཚོད་ཅུང་ཐུང་ཞིང་། 1988ལོར་ད་གཟོད་བོད་ལྗོངས་ཞིང་ཕྱུགས་སློབ་གླིང་དང་བོད་ལྗོངས་ཞིང་ཕྱུགས་ཚན་རིག་ཁང་གིས་མཉམ་འབྲེལ་སྒྲོས་ཐོག་དང་པོར་ནང་འདྲེན་བྱས། ལི་གྲོ་བོད་ལྗོངས་ས་ཁུལ་དུ་འཚམ་མཐུན་རང་བཞིན་བཟང་པོ་ཐོན་ནས། ཐོན་འབོར་མུའུ་རེར་སྟོང་ཁི350ཟིན། ཀན་སུའུ་ཞིང་ལས་ཚན་རིག་ཁང་གིས་སྐྱེ་ཁམས་ས་ཁོངས་གཞིར་བཟུང་ནས་ཉིང་ཅིན་རྫོང་གི་སྐམ་ཞིང་ཁུལ་དང་ཡུང་ཅིང་རྫོང་གི་ཕྱེད་སྐམ་ཁུལ་དང་། ཁང་ལེ་རྫོང་གི་མཐོ་སྒང་ཨར་ཡུན་ཁུལ། དེ་བཞིན་ལན་ཀྲོའུ་ཡི་ཞིང་ཆུ་འདྲེན་ཁུལ་སོགས་སུ་ལི་གྲོ་ནང་འདྲེན་ཚོད་ལྟ་བྱས་ཤིང་། ནང་འདྲེན་བྱས་པའི་རིགས་སྣ8སྐྱེ་ཁམས་ས་ཁོངས་སོ་སོ་ནས་འབྲས་བུ་སྨིན་ཐུབ་པ་དང་ཐོན་འབབ་མཐོ་ཤོས་མུའུ་རེར་སྟོང་ཁི245ཟིན། 2012~2014ལོའི་བར་དུ། ཡན་ཧྲུའུ་ཡའོ་སོགས་ཀྱིས་ཧྲན་ཞིའི་མཐོ་སྒང་ས་ཁུལ་དུ་ལོ་གསུམ་ལ་བསྟུད་མར་ལི་གྲོ་ནང་འདྲེན་ཚོད་ལྟ་བྱས་པ་དང་། ཐོན་འབོར་མཐོ་ཤོས་ནི་མུའུ་རེར་སྟོང་ཁི540ཟིན། ཧྲན་ཞི་ཅིན་ལེ་རྫོང་གི2012ལོར་ལི་གྲོའི་འདེབས་ཁྱོན་མུའུ1300ཟིན་པ་དང་འདེབས་ཁྱོན་ནི་ཐོག་མའི་ཐོན་ཡུལ་མིན་པའི་རྒྱལ་ཁབ་ཀྱི་ཨང་གཉིས་པར་སླེབས་ནས་ཨ་རི་ཕུད་པའི་ས་ཁུལ་གཞན་དག་ལས་མཐོན་པོ་ཡིན། ལི་ཁྲིང་ཙུང་སོགས་ཀྱིས་ལི་གྲོའི་རིགས་སྣ“GZ~3”དང“GZ~5”སྤྱད་དེ་མཚོ་

སྔོན་ན་གོར་མོ་ས་ཁུལ་དུ་འཚམ་མཐུན་རང་བཞིན་གྱི་འདེབས་འཛུགས་བྱས་པས། མུའུ་རེར་ཐོན་འབོར་མཐོན་པོ་སྟོང་ཁ241.1~371.8བྱུང་ཡོད། ཀྲོའུ་ཏའེ་ཐའོ་སོགས་ཀྱིས་ཞིབ་འཇུག་ལས་མངོན་གསལ་ལྟར་ན། ལི་གྲོ་ནི་ཧོ་པེ་ཀྲང་ཙ་ཁའུ་ས་ཁུལ་དུ་འཚར་ལོངས་དུས་ཡུན་ཐུང་བ་དང་སྔ་སྨིན་རིགས་ཀྱི་རྣམ་པ་མངོན་ཡོད། ཚོད་ལྟའི་ནང་ཞུགས་པའི་རིགས་སྣ"LM~4"ཡི་ཐོན་འབོར་མུའུ་རེར་སྟོང་ཁ242ཟིན་པས། ཐོན་འཕར་གྱི་མི་མངོན་པའི་སྟོབས་ཤུགས་ཧ་ཅང་ཆེན་པོ་མངོན་ཡོད། ཧོ་ནན་ཞིང་ཆེན་ཨན་དབྱང་གྲོང་ཁྱེར་ཞིང་ལས་ཚན་རིག་ཁང་གིས2013ལོ་ནས་བཟུང་ལི་གྲོའི་འཕྲོད་མཐུན་རང་བཞིན་གྱི་འདེབས་འཛུགས་ལ་ཚོད་ལྟ་བྱས་ཤིང་། ནང་འདྲེན་བྱས་པའི་རྒྱུ་ཆ11ལ་དངོས་བསྟུར་ཚོད་ལྟ་བྱས་པ་དང་། རྒྱ་མཚོའི་ངོས་ལས་མཐོ་ཚད་མི་འདྲ་བའི་སྐས་རིམ་དང་སོན་འདེབས་དུས་ཀྱི་ཚོད་ལྟ་དང་ཟུང་འབྲེལ་བྱས་ནས། ཕྱོགས་བསྡུས་རང་བཞིན་གྱི་དབྱེབས་ལེགས་ཅམ་གྱི་རིགས2བདམས་ཤིང་"ཨན་ལི་ཨང3པ"དང་"ཨན་ལི་ཨང4པ"གཉིས་ཡིན།

2. ལི་གྲོའི་ཆ་སྒྲིག་ཐོན་འབབ་མཐོ་བའི་འདེབས་གསོའི་ལག་རྩལ།

ལི་གྲོའི་རིན་ཐང་ལ་རྒྱལ་ནང་དུ་བསྔུད་མར་ཁས་ལེན་བྱས་པ་དང་བསྟུན་ནས་འདེབས་འཛུགས་ཀྱི་ཁྱབ་ཁོངས་ཀྱང་རིམ་བཞིན་རྒྱ་ཇེ་ཆེར་འགྲོ་བཞིན་ཡོད་ཅིང་། འདིའི་ཆ་ཚང་བའི་འདེབས་འཛུགས་ལག་རྩལ་ཡང་རིམ་གྱིས་ཞིབ་འཇུག་གི་དུས་རིམ་དུ་སླེབས་ཡོད། མིག་སྔའི་ཞིབ་འཇུག་ལས་མངོན་གསལ་ལྟར་ན། ས་ཁུལ་སོ་སོ་ནས་ཐོན་འབོར་མཐོན་པོའི་འདེབས་གསོ་བྱེད་སྐབས། བ་མོ་མེད་པའི་དུས་སྐབས་སུ་འཚར་ལོངས་དུས་ཡུན་དང་མཐུན་པའི་སོན་རྒྱུད་འདེམ་དགོས་ཤིང་། ལི་གྲོ་སོན་འདེབས་མ་བྱས་གོང་ལ་ཐེངས་གཅིག་གིས་གཏིང་ལུད་འདང་ངེས་ཤིག་རྒྱག་དགོས་པ་དང་ས་རྒྱུ་འགན་ལེན་ཡག་པོ་བྱེད་དགོས། སོན་འདེབས་བང་རིམ་གྱི་ས་རྒྱུའི་དྲོད་ཚད10℃ཡན་གཏན་འཇགས་ཡིན་དུས་སོན་འདེབས་

བྱེད་དགོས་ཤིང་། གཏོར་འདེབས་དང་རོལ་འདེབས། སྨྱུ་གུ་གསོ་འཛུགས་དང་ས་བོན་ཕུར་འཛུགས་ཀྱི་ཐབས་ལམ་སྤྱོད་དགོས། སོན་འདེབས་ཀྱི་གཏིང་ཚད་ལི་སྨི2~3ཡིན། སྨྱུ་གུ་འབུས་པའི་དུས་སུ་ས་རྒྱུའི་ནང་གི་ཆུའི་འདུས་ཚད་འགན་ལེན་བྱ་རྒྱུ་ནི་སྐྱེ་མ་ཅན་གྱི་ལྷང་བུ་ཆ་ཚང་འགན་ལེན་བྱེད་པའི་འགག་རྩ་ཡིན་པས། མེ་ཏོག་བཞད་པའི་དུས་སུ་ཆུ་ཐེངས་གཉིས་པ་གཏོང་བ་དང་། སྐྱེ་མ་མིག་ཐྲུག་གི་དུས་སུ་ཆུ་ཐེངས་གསུམ་པ་གཏོང་དགོས། ཆུ་མང་དྲགས་ན་མི་འཚམ་པས་ཚད་ལོངས་པས་ཆོག ལྷང་ཧྲང་གི་རིང་ཐུང་ལི་སྨི10~15ཡིན་པའི་སྐབས་སུ་སྨྱུ་གུ་མཐུག་སེལ་དང་རྩྭ་ལྷུམ་མེད་པར་བཟོ་མགོ་འཛུགས་དགོས། ཐེངས་གཉིས་པར་ཡུར་མ་ཡུར་བའི་དུས་མཚུངས་སུ་ལི་གྲོ་ལ་ས་སྐྱོར་བརྒྱབ་ནས་ལོ་ཏོག་ཉལ་བར་སྔོན་འགོག་བྱེད་དགོས། ལི་གྲོའི་འབྲས་བུ་སྨིན་པའི་དུས་སྐབས་སུ་བཙ་བསྣུ་བྱས་ཆོག བཙ་བསྣུ་བྱས་རྗེས་ངེས་པར་དུ་སྐམ་བཟོ་ཐག་གཅོད་བྱེད་དགོས། སོན་བཞག་ས་ཞིང་ངེས་པར་དུ་སྙིགས་དོར་དངན་དོར་བྱེད་དགོས་པ་དང་། ས་བོན་སྐམ་རྗེས་ཉར་ཚགས་ཞིབ་ཚགས་བཅས་བྱས་ཏེ་རུལ་སུངས་དང་སྨྱུ་གུ་འབུས་པར་སྔོན་འགོག་ནན་མོ་བྱེད་དགོས།

3. ལི་གྲོའི་ཚྭ་ཐུབ་རང་བཞིན།

ལི་གྲོ་ནི་ཞིང་ལས་ཀྱི་སྐྱེ་ཁམས་ཁྱུལ་སོ་སོར་འཕྲོད་མཐུན་གྱི་ནུས་པ་ཆེན་པོ་ཡོད་ཅིང་། སྟོས་བཅས་ཀྱི་རླན་ཚད40%~80%དང་དྲོད་ཚད−4~38℃ཡི་ཆ་རྐྱེན་འོག་ཏུ་འཚར་ལོངས་འབྱུང་ཐུབ་ཅིང་། གཉན་འགོག་རང་བཞིན་ཆེན་པོ་ལྡན་པས། ཀུན་གྱིས་ཁས་ལེན་པའི་ཚྭ་འགོག་ནུས་པ་ཆེས་ལེགས་པའི་སྐྱེ་དངོས་གྲས་སུ་ངོས་འཛིན་བྱེད་བཞིན་ཡོད། ཡོན་ཏན་ཅེ་སོགས་ཀྱིས་ཞིབ་འཇུག་བྱས་པ་ལྟར་ན། ཚྭ་ཡི་བཙན་ཤེད་ཀྱིས་ལི་གྲོའི་སྨྱུ་གུ་འབུས་པར་ཚོད་འཛིན་གྱི་ནུས་པ་ཐོན་ཐུབ་པ་དང་། ས་བོན་ལ་སྨྱུ་གུ་འབུས་པའི་ནུས་པ་དང་སྨྱུ་གུ་འབུས་པའི་ཚད། སྨྱུ་

གུ་འབུས་པའི་བསྐུར་གྲངས་ཇེ་ཆུང་དུ་འགྲོ་བཞིན་ཡོད་པ་སོགས་ཀྱི་སྟེང་དུ་མངོན་པར་མཚོན་ཐུབ། ཚྭ་ཡི་གར་ཚད་ཇེ་མཐོར་སོང་བ་དང་བསྟུན་ནས། སྨྱུ་གུའི་ཡོ་འདབ་ཀྱི་དབྱང་བརྒྱལ་འགྱུར་རྫས་འགལ་འགྱུར་རྩབས(SOD)དང་དབྱང་འདས་འགྱུར་རྫས་རྩབས(POD)གཉིས་ཀྱི་གྲུང་གཤིས་ཚང་མ་སྔོན་ལ་འཕར་སྔོན་འབྱུང་བ་དང་རྗེས་སུ་མར་ཆག་པའི་རྣམ་པ་མངོན་ཞིང་། པིན་ཨར་ཆོན(MDA)གྱི་འདུས་ཚད་རིམ་བཞིན་འཕར་བའི་རྣམ་པ་མངོན་ཡོད། ཅང་ཆི་ཡན་སོགས་ཀྱིས་ཀྲུང་གོའི་མཚོ་རྒྱུད་ས་ཁུལ་དུ་གསར་དུ་བསྐུས་པའི་ཅིན་ལི་གྲོའི་ཐོན་ཁུངས་ཀྱི་ཚྭ་ཐུབ་རང་བཞིན་ལ་གདེང་འཇོག་བྱས་པ་ལྟར་ན། ཅིན་ལི་གྲོ་ཡི་སྔོང་རྐང་གི་མཐོ་ཚད་ནི་ཚྭའི་ཞུ་ཁུའི་གར་ཚད1.2%ཇེ་མཐོར་སོང་ཡང་སྔར་བཞིན་ཤུགས་རྐྱེན་ཐེབས་མི་སྲིད་པ་དང་། སྨྱུ་གུ་རྒྱས་པའི་དུས་དང་ལྗང་པ་རྒྱས་པའི་དུས་ཚང་མར་ཚྭ་ཐུབ་རང་བཞིན་ཆེན་པོ་ལྡན།

གསུམ། ལི་གྲོའི་ཚོང་རའི་ད་ལྟའི་གནས་བབ།

ཕེ་ཧྲུའི་རྒྱལ་ཁབ་བསྡོམས་རྩིས་ཅུ་ཡི་གྲངས་གཞི་ལས་མངོན་གསལ་ལྟར་ན། 2015ལོའི་ཟླ1~5བར་དུ། འཛམ་གླིང་གི་ལི་གྲོ་ཐོན་ཁུལ་གཙོ་བོ་ཡིན་པའི་རྒྱལ་ཁབ་ཕེ་ཧྲུ་དང་པོ་ལི་ལྷི་ཡའི་ལི་གྲོ་ཕྱིར་གཏོང་བྱེད་ཚད་སོ་སོར་ཏུན12454དང་ཏུན9249ཟིན་པ་དང་། ཕྱིར་གཏོང་གི་སྤྱིའི་རིན་ཐང་སོ་སོར་ཨ་སྒོར་ཁྲི5220དང་ཨ་སྒོར་ཁྲི4710ཟིན་ཞིང་། རྒྱལ་ཁབ་གཉིས་པོའི་ལི་གྲོ་ཕྱིར་གཏོང་གི་རིན་གོང་སྟོང་ཁེ་རེར་ཨ་སྒོར4.58ཟིན་ཡོད། ཨ་རིའི་ཡ་མ་ཤུན་ཧྥེ་སྒྲུབ་དྲ་ཚིགས་སྟེང་དུ་ལི་གྲོའི་ཁྲིན་ཚོང་རིན་གོང་སྟོང་ཁེ་རེར་ཨ་སྒོར25ཡན་ཡིན་པར་མ་ཟད། མང་ཆེ་བ་སྐྱེ་ལྡན་བཟའ་བཅའ་ཡིན་ནོ། །

མིག་སྔར། རང་རྒྱལ་གྱི་ལི་གྲོའི་འབྲུ་རིགས་ཧྥེ་སྒྲུབ་རིན་གོང་ནི་སྟོང་ཁེ་རེར་སྒོར10~12ཡིན་པ་དང་། ལས་སྔོན་བྱས་རྗེས་ལི་གྲོ་འབྲས་ཀྱི་རིན་གོང་ལ་ཁྱད་

པར་ཙུང་ཆེན་པོ་ཡོད་པ་དང་སྟོང་ཁེ་རེར་སྒོར30~200ཡིན། ལི་གྲོའི་འཛད་སྤྱོད་རྒྱལ་ཁབ་གཙོ་བོ་ཡིན་པའི་ངོས་ནས། ཨ་རིའི་ལི་གྲོ་ཐོན་རྫས་ཕྱིར་འཚོང་རྣམ་པ་འདྲ་མིན་སྣ་ཚོགས་ཡོད་པ་དང་། སློག་རྫུལ་ཚོང་དོན་དང་དྲ་འོག་དངོས་ཚན་ཚོང་ཁང་གཉིས་ཀ་དུས་གཅིག་ཏུ་འཕེལ་རྒྱས་སུ་འགྲོ་བཞིན་ཡོད། རང་རྒྱལ་གྱི་ལི་གྲོའི་ཐོན་རྫས་ཕྱིར་ཚོང་བྱེད་པར་མང་ཆེ་བ་སློག་རྫུལ་ཚོང་དོན་གཙོ་བོར་འཛིན་པ་དང་། དེའི་ནང་དུ་ཐའོ་པའོ་ནི་བྲིན་ཚོང་བྱེད་ཚད་མཐོ་ཤོས་ཀྱི་སྡེ་ཚན་བུ་ཞིག་ཡིན། ཅིང་ཏུང་དང་ཚོང་ཁང་དང་པོ་སོགས་སློག་རྫུལ་ཚོང་དོན་ལས་སྡེ་ཚན་སྡེ་ཚན་དུའང་ཕྱིར་འཚོང་ཙུང་ཙམ་བྱེད་བཞིན་ཡོད།

ལི་གྲོ་ནི་ས་རྒྱུ་ཞན་པ་དང་ཆུ་བུལ་ཐུབ་པ། ཐན་པ་ཐེག་ཐུབ་པ་བཅས་ཀྱི་ས་བབ་མཐོ་བའི་ས་ཁུལ་དུ་འདེབས་འཛུགས་བྱེད་པར་འཚམ་པ་ཡིན། ས་བབ་མཐོ་བའི་ས་ཁུལ་དུ་བཟོ་ལས་སྣུམ་བཙོག་དང་རྒྱང་ཐག་རིང་བའི་དབང་གིས་འདེབས་འཛུགས་བྱེད་པར་འཚམ་པའི་ས་བོན་ལ་ཚད་ཡོད་པར་མ་ཟད། ས་ཞིང་སྐྱོད་ཚད་མང་པོ་མེད་པ་དང་། ནད་དང་འབུའི་གནོད་པ་ཏ་ཙང་ཙུང་ལ་ཞིང་སྨན་གྱིས་སྣུམ་བཙོག་ཙུང་བ་དང་། དེའི་འཕྲོར་ལི་གྲོའི་ཕྱི་ཤུན་སྟེང་དུ་ཙི་གེན་འདུས་པས། རང་བྱུང་འབུའི་གནོད་འཆེ་འགོག་ཐུབ་པ་དང་ཞིང་སྨན་སྤྱོད་མི་དགོས་ཤིང་། ཕལ་ཆེར་སྐྱེ་ཁམས་ཁོ་ནའི་ཁོར་ཡུག་ནང་དུ་འཚར་លོངས་འབྱུང་ཐུབ་པས། འདི་ནི་ཐོབ་དཀའ་བའི་བདེ་འཇགས་དང་བདེ་ཐང་གི་ཟས་རིགས་ཤིག་ཡིན།

བཞི། ལི་གྲོའི་ཚོང་རའི་མདུན་ལམ།

1992~2012ལོའི་བར་གྱི་ལོ21རིང་ལ། གོ་ལ་རྡིལ་བོའི་ལི་གྲོའི་ཉེ་ཚོང་བྱེད་ཚད་ཨ་སྒོར་ཁྲི70ནས་ཨ་སྒོར་དུང་ཕྱུར1.11བར་དུ་འཕར་སྡོན་བྱུང་ཡོད་པ་དང་། ལོ་རེར་ཆ་སྙོམས་འཕར་ཚད28.8%ཡིན། 1992~1996ལོའི་བར་གྱི་ལོ5ཡི་རིང་ལ། འཛམ་གླིང་གི་ལི་གྲོའི་བསྡོམས་འབོར་གྱི56%ཨ་རིར་ཕྱིར་གཏོང་བྱས་པ་

དང་། 2008~2012ལོའི་བར་གྱི་ལོ5ཡི་རིང་ལ། འཛམ་གླིང་གི་ལི་གྲོའི་ཐོན་འབོར་ལྡབ2.12ཙམ་འཕར་སྣོན་བྱུང་ཡོད། ཨ་རིས་སྔར་བཞིན56%གི་ནང་འདྲེན་གྱི་འབོར་རྒྱུན་འཁྱོངས་བྱས་པས་ཨ་རིའི་ཚོང་རར་ལི་གྲོ་དགོས་མཁོ་ཆེན་པོ་ལྡན། རང་རྒྱལ་གྱིས2008ལོ་ནས་བཟུང་གཞི་ཁྱོན་ཅན་གྱི་ལི་གྲོ་ཐོན་སྐྱེད་བྱེད་བཞིན་ཡོད་མོད། འོན་ཀྱང་མིག་སྔར་གཞི་ཁྱོན་ཅན་གྱི་ལི་གྲོའི་བྲིན་ཚོང་ཚོང་ར་ད་དུང་ཆགས་མེད། 2015ལོར་རྒྱལ་ཡོངས་ཀྱི་ལི་གྲོའི་འདེབས་ཁྱོནམུའུ་ཁྲི5ཟིན་པ་དང་། ཆ་སྙོམས་ཐོན་འབོར་མུའུ་རེར་སྟོང་ཁེ150ཙམ་ཟིན། ལི་གྲོ་འབྲས་ཏུན5000ཙམ་ལས་སྣོན་བྱས་ཤིང་རྒྱ་མ་རེར་སྒོར120ལྷར་འཚོང་བཞིན་ཡོད་པས། ཐོན་རྫས་རིན་ཐང་སྒོར་དུང་ཕྱུར6ཙམ་ཟིན་ཡོད།

མི་དམངས་ཀྱི་འཚོ་བའི་ཆུ་ཚད་ཇེ་མཐོར་སོང་བ་དང་འཛད་སྤྱོད་ཀྱི་འདུ་ཤེས་ཇེ་ལེགས་སུ་སོང་བ་དང་བསྟུན་ནས། སྦགས་བཙོག་མེད་པ་དང་བདེ་ཐང་ལ་ཕན་པའི་ལྷད་མེད་བཟའ་བཅའི་རིགས་ལ་མི་རྣམས་ཀྱིས་དགའ་བསུ་ཆེན་པོ་ཐོབ་བཞིན་ཡོད། ལི་གྲོ་རང་སྙིང་ལ་ས་གཤིས་ཞན་ཞིང་ནད་འབུའི་གནོད་པ་འགོག་པའི་སྐྱེ་ཁམས་ཁྱད་ཆོས་ལྡན་པས། འཚར་ལོངས་ཀྱི་གོ་རིམ་ཁྲོད་དུ་རྫས་ལུད་ཀྱི་ཞིང་སྨན་སྤྱོད་མི་དགོས་ཤིང་། ལྗང་མདོག་སྐྱེ་ལྡན་གྱི་བདེན་དཔང་བྱེད་སླ་བ་ཡིན། ལི་གྲོ་ནི་འཚོ་བཅུད་དང་སྐྱེ་ཁམས་ཀྱི་རིན་ཐང་ལྡན་པའི་སྐྱེ་དངོས་ཤིག་ཡིན་པས“གྲུབ་ཆ་ལེགས་སྒྲིག་དང་བྱེད་ཐབས་བསྒྱུར་བ། འབབ་འཕར་འགན་ལེན་བྱེད་པའི”ཞིང་ལས་སྲིད་ཇུས་དོན་འཁྱོལ་བྱེད་པར་ནུས་པ་གལ་ཆེན་འདོན་སྤེལ་བྱེད་བཞིན་ཡོད།

ས་བཅད་དྲུག་པ། ལི་གྲོའི་འཕེལ་ཕྱོགས།

ཉེ་བའི་ལོ་འགའི་རིང་ལ། ཨ་རི་གཙོ་བོར་བྱས་པའི་དར་རྒྱས་ཆེ་བའི་རྒྱལ་

ཁབ་ཀྱིས་ལི་གྲོས་འབྲས་དང་གྲོ་སོགས་ལོ་ཏོག་གམ་འབྲུ་རིགས་ཀྱི་ཚབ་བྱེད་བཞིན་ཡོད། ལི་གྲོ་ནི་ཡོ་རོབ་དང་ཨ་རིའི་དར་སོ་ཆེ་ཤོས་ཀྱི་རང་བྱུང་བདེ་ཐང་གི་བཟའ་བཅའ་ཞིག་ཏུ་གྱུར་ཡོད། ཉེ་བའི་ལོ་གཉིས་ནང་དུ། ཀྲུང་གོའི་སྨན་སྦྱོར་ཆེ་གྲས་ཁག་གིས་ལི་གྲོའི་གནས་ཚུལ་གཅིག་རྗེས་གཉིས་མཐུད་དང་སྤེལ་གཏོང་བྱས་ནས་ལི་གྲོ་ནི་བདེ་འཛགས་དང་བདེ་ཐང་། འཚོ་བཅུད། རང་བྱུང་བཅས་ཀྱི་དགོས་མཁོ་དང་འཚམ་པའི་བཟའ་བཅའ་ཞིག་ཡིན་ཚུལ་རྗོད་བཞིན་ཡོད། མིག་སྔར། ལི་གྲོའི་ཕྱེ་དང་ལི་གྲོ་སྲེག་ཟས་སོགས་བཟའ་བཅའ་དང་དེ་བཞིན་ཞོར་ཟས་ཚོང་རར་བཏོན་ཡོད་དོ། །

ཨ་རིའི་རྒྱལ་ཁབ་མཁའ་འགྲུལ་འཛིག་རྟེན་འཕུར་སྐྱོད་ཅུས་ལི་གྲོ་ནི་མིའི་རིགས་ཀྱི་མ་འོངས་པའི་གནས་སྤོའི་བར་སྣང་ཁམས་ཀྱི་ཕྱུགས་བསམ་གྱི"བར་སྣང་གི་འབྲུ་རིགས"སུ་བརྩི་བཞིན་ཡོད། ལི་གྲོའི་ཕན་ནུས་རང་བཞིན་གྱི་ཟས་རིགས་རིམ་བཞིན་བྱུང་བ་དང་། ད་ལྟ་འཛམ་གླིང་སྟེང་གི་ཨ་རི་དང་ཨོ་སི་ཁྲུ་ལི་ཡ། པོ་ལི་ལྦེ་ཡ་བཅས་ཀྱིས་ཕན་ནུས་ལྡན་པའི་ལི་གྲོའི་འཐུང་ཆུ་བཏོན་ཡོད། ཡོ་རོབ་དང་མེ་གླིང་གི་རྒྱལ་ཁབ་ཏུ་ཕྱེ་རྒྱུས་མེད་པའི་སྤྲི་དཀར་ཟས་རིགས་འོས་སྦྱོར་བྱེད་མགོ་བརྩམས་ཤིང་། ལི་གྲོ་ནི་ཕྱེ་མེད་འབྲུ་རིགས་ཀྱི་འབྲུ་རིགས་གཙོ་བོ་ཡིན་པ་དང་ཟས་རིགས་འདི་རིགས་ཀྱི་ཆེས་ལེགས་པའི་མ་བཙོས་འབྲུ་རིགས་ཡིན། མཛེས་འདོན་བྱུག་རྫས་ཀྱིས་ཀྱང་ལི་གྲོའི་གྲུབ་ཆ་ཁ་སྣོན་བྱེད་བཞིན་ཡོད་དེ། ཚོང་རའི་བརྟག་དཔྱད་ལས་མངོན་གསལ་ལྟར་ན། ལི་གྲོས་པགས་རོས་སུ་འཚོ་བཅུད་མི་འདང་བ་དང་སྐམ་ཤས་ཆེ་བ། དཀར་ཆ་ཞན་པ་སོགས་ཚད་མར་ཉམས་གསོའི་ནུས་པ་བཟང་པོ་ལྡན། ལི་གྲོའི་ནང་དུ་མིའི་ལུས་ཁམས་ལ་ཕན་ཐོགས་ཡོད་པའི་དངོས་རྫས་རིགས་མང་པོ་ཡོད་དེ། དཔེར་ན། ཐུང་རིགས་དང་ཙོ་ཀེན་རིགས་ལྟ་བུ། སྐྱེ་དངོས་ཀྱི་རྩེར་སོན་ཀྱང་སི་ཁག་ཅིག་གིས་འདྲ་མཚུངས་ཀྱི་དངོས་རྫས་བླངས་ནས་སྨན་རྫས་དང་

ལུས་ཁམས་ཀྱི་བདེ་སྲུང་ཐོན་རྫས་སུ་སྤྱོད་བཞིན་ཡོད། ལི་གྲོ་ནི་འབྲུ་རིགས་ཡོངས་ཀྱི་འཚོ་བཅུད་ཆ་ཚང་སྡི་དཀར་བྱུལ་གཤིས་ཟས་རིགས་ཡིན། སྐྱེ་རྩའི་གསོ་བཅུད་ཀྱིས་ས་བོན་གྱི68%ཟིན་པར་མ་ཟད་འཚོ་བཅུད་ཀྱི་གྲུང་གཤིས་ལྡན་ལ། སྡི་དཀར་རྫས་ཀྱི་འདུས་ཚད16%~22%ལ་སླེབས་ཡོད། (སྙམ་ཤ20%) རྒྱུ་སྤུས་ནི་འོ་ཐུ་དང་ཤ་རིགས་དང་གཅིག་མཚུངས་ཡིན།

《རྩོང་ཧྲིའི་ནང་གི་བསྟན་བཅོས》ནང་དུ་ཟས་བཅོས་ལ་ཁྱད་དུ་འཕགས་པའི་གཞུང་ལུགས་ཤིག་ཡོད་དེ། “འབྲུ་རིགས་ཤ་དང་སིལ་ཏོག་སྔོ་ཚལ་སོགས། ཟས་བཅུད་ཡོངས་སུ་འདུ་བ་ཡིན། བཟའ་ལོག་ཤོར་ན་ཟས་སྤྱོད་ལེགས་པོར་སྨིན་འགྱུར་ངེས”ཞེས་དང་། “སྔོ་སྔོང་ཟོས་ན་ཟས་རིགས་དང་། ནད་པས་ཟོས་ན་སྨན་དུ་འགྱུར”ཞེས་སོ། །འདི་ནི་ཆེས་ཐོག་མའི་ཟས་བཅོས་རྩ་དོན་དུ་གྲགས། དེང་རབས་ཀྱི་ཚོགས་ནང་དུ། ཁོར་ཡུག་གི་གནོན་ཤུགས་ཀྱིས་འཚོ་བར་ཆོས་ཉིད་མེད་པ་དང་བཟའ་བཏུང་དོ་མི་མཉམ་པས། ཁྲག་ཤེད་མཐོ་བ་དང་ཁྲག་སྣུམ་མཐོ་བ། ཁྲག་ཞག་མཐོ་བ། ཤ་རྒྱགས་པ། སྙན་ནད། སྙིང་གི་ཁྲག་རྩའི་ནད་སོགས་དེང་རབས་ཀྱི་ནད་མང་པོ་ཞིག་ཀྱང་གོ་ནས་གང་སར་ཁྱབ་ཡོད། འཛམ་གླིང་འཕྲོད་བསྟེན་རྩ་འཛུགས་ཀྱིས་བདེ་ཐང་གི་རྨང་རྗེ་ཆེན་པོ་བཞི་བཏོན་པ་སྟེ། ལུགས་མཐུན་སྒོས་བཟའ་བཅའ་སྤྱོད་པ་དང་འོས་འཚམ་སྒོས་ལུས་རྩལ་སྦྱོང་བརྡར། ཐ་མག་གཅོད་པ་དང་ཆང་རག་མི་འཐུང་བ། སེམས་ཁམས་དོ་སྙོམས་ཡོང་བ་བཅས་ཡིན། འདི་ལས་མངོན་པར་གསལ་བ་ནི། ལུགས་མཐུན་སྒོས་བཟའ་བཅའ་ལོངས་སྤྱོད་བྱེད་པ་ནི་བདེ་ཐང་གི་གོམ་སྟབས་དང་པོ་ཞིག་ཡིན་པ་མཚོན། ལི་གྲོའི་ཆ་སྙོམས་འཚོ་བཅུད་ཆ་ཚང་གི་ཁྱད་ཆོས་ཀྱིས་མིའི་ལུས་སྟེང་གི་འཚོ་བཅུད་མི་འདང་བ་ཁ་གསབ་བྱེད་ཐུབ་པས་ཤ་རྒྱགས་པར་འགྱུར་མི་སྲིད་ཅིང་། མཁྲིས་རྒྱུ་གཉེར་རྩི་མེད་པ་དང་བཟའ་བཅའི་ཚི་སྣུམ་མཐོ་བ། ཚད་མི་ལོངས་པའི་ཆོལ་སྐྱུར་མཐོ་བ། མངར་ཆ་དམའ་

བ། ཆོལ་ཤུང་བ། ཚ་ཚད་དམའ་བ། འཚོ་བཅུད་ཕུན་སུམ་ཚོགས་པ། ཕན་ལྡན་འདྲེས་འགྱུར་རྫས་བཅས་འདི་དག་ཚང་མ་དེང་རབས་ནད་ཀྱི་གཉེན་པོ་དང་བདེ་ཐང་གི་མཐུན་རྐྱེན་ཡིན།

ལི་གྲོ་ནི་འབྲུ་རིགས་ལོ་ཏོག་ཁྲོད་ཀྱི་མཐོང་དཀོན་པའི་མིས་བཟོས་རྒྱུད་འཛིན་ལིགས་བཅོས་བྱས་མེད་པའི་གནའ་བོའི་སྐྱེ་དངོས་ཤིག་ཡིན། རང་བྱུང་ཁམས་སུ་སྐྱེ་དངོས་རང་བྱུང་གི་ཆོས་ཉིད་ལྟར་ལོ་ངོ་སྟོང་ཕྲག་དུ་མའི་རིང་ལ་རྒྱུད་སྤེལ་བྱས་པ་དང་། མིའི་རིགས་དང་མཉམ་དུ་གཟུགས་རྫས་གྲིབ་འབྲང་གི་འཕེལ་འགྱུར་བྱུང་ཞིང་། ཆེས་དག་གཙང་དང་རང་བྱུང་། བདེ་འཇགས་བཅས་ཀྱི་ཟས་རིགས་ཤིག་ཡིན། ཚང་མས་རང་བྱུང་བསྟེན་ལེན་དང་ལུས་ཟུངས་གསོ་བའི་ཚ་རླབས་ཁྲོད་དུ། ལི་གྲོ་ནི་མི་མང་པོས་ཤེས་རྟོགས་དང་དགའ་བསུ་ཐོབ་ངེས་ཡིན་ནོ། །

ལི་གྲོ་ནི་ཕྱིར་གཏོང་ཚོང་ཟོག་གལ་ཆེན་ཞིག་ཡིན། བསྡོམས་རྩིས་རགས་ཙམ་བྱས་པར་གཞིགས་ན། རྒྱལ་སྤྱིའི་སྟེང་དུ་ལི་གྲོའི་ཕྱིར་གཏོང་བསྡོམས་འབོར་རྒྱུན་འཇགས་སྒོས་ཅུན་ཁྲི་ཡན་ཟིན་བཞིན་ཡོད་པ་དང་། ལི་གྲོའི་རིན་གོང་ལྟར་བརྩིས་ན་རྒྱ་མ་རེར་ཨ་སྒོར5ཙམ་ཟིན་བཞིན་ཡོད་ཅིང་། འདིའི་ཉོ་ཚོང་དངུལ་འབོར་ནི་ཕྱི་རོལ་ཡུལ་དང་མཐུན་པ་ཡིན། དུས་མཚུངས་སུ། རྒྱལ་སྤྱིའི་ཉོ་སྒྲུབ་དྲ་ཚིགས་སྟེང་དུ་འཚོང་བཞིན་པའི་ལི་གྲོ་ལས་སྣོན་ཞིབ་ཚགས་ཀྱི་སྐྱེ་ལྡན་བཟའ་བཅའ་ནི་སྟོང་ཁེ་རེར་ཨ་སྒོར25ཡས་མས་ཡིན། ལི་གྲོའི་སྤྱིར་བཏང་མ་བཅོས་འབྲུ་རིགས་ཉོ་སྒྲུབ་ཀྱི་རིན་གོང་ནི་སྟོང་ཁེ་རེར་སྒོར10ཡས་མས་ཡིན་པ་དང་། ལས་སྣོན་བྱས་རྫས་ཀྱི་ཐོན་རྫས་ཀྱིས་རིན་གོང་གི་ཁྱད་པར་ཆེ་བའི་གནས་ཚུལ་མངོན་ཡོད། ཉེ་བའི་ལོ་འགའི་རིང་ལ། མི་རྣམས་ཀྱི་དངོས་པོའི་འཚོ་བའི་ཆུ་ཚད་མུ་མཐུད་དུ་ཇེ་མཐོར་སོང་བ་དང་བསྟུན་ནས། ལི་གྲོའི་འཚོ་བཅུད་རིན་ཐང་གི་ངོས་ཟིན་ཡང་ཇེ་མཐོར་འགྲོ་བཞིན་ཡོད་པས། ལི་གྲོའི་ཚོང་རའི་མདུན་ལྗོངས་ཀྱང་ཇེ་ཡངས་སུ་འགྲོ་བཞིན་ཡོད།

ལི་གྲོའི་སྤྱི་དཀར་གྱི་འདུས་ཚད་ནི་མ་རྫོས་ལོ་ཏོག་དང་གྲོ། ཆུ་འབྲས་སོགས་འབྲུ་རིགས་གཙོ་བོ་ལས་མཐོ་བར་མ་ཟད། ཨན་གཞི་སྐྱུར་ཡང་ཕུན་སུམ་ཚོགས་པོ་འདུས་ཡོད་ཅིང་། འདིའི་ནང་དུ་ཀུད་ཨན་སྐྱུར་དང་ཞིབ་ཨན་སྐྱུར། ཐན་ཧྲུང་ཨན་སྐྱུར་བཅས་ཀྱི་འདུས་ཚད་མཐོ་ཤོས་ཡིན། ལི་གྲོའི་ནང་དུ་མིའི་རིགས་ཀྱི་འདྲེས་གྲུབ་བྱེད་མི་ཐུབ་པའི་ངེས་མཁོའི་ཨན་གཞི་སྐྱུར་རིགས9འདུས་ཡོད། བསྡུར་ཚད་ལུགས་མཐུན་ཡིན་མོད། འོན་ཀྱང་ལའི་ཨེམ་སྐྱུར་འདིའི་ཚོད་འཛིན་རང་བཞིན་གྱི་ཨན་གཞི་སྐྱུར་འདུས་ཚད0.8%ཟིན་ཡོད་པས། སྤྱོལ་རྒྱུན་གྱི་འབྲུ་རིགས་ནང་གི་འདུས་ཚད་ལས་མཐོ་བ་ཡིན། དུས་མཚུངས་སུ། ལི་གྲོའི་འབྲུ་རྡོག་ནང་དུ་མིའི་བདེ་ཐང་ལ་ཕན་ཐོགས་ཡོད་པའི་ཚད་མི་ལོངས་པའི་ཚིལ་སྐྱུར་འདུས་པས། ཚིལ་གྱི་སྤྱིའི་འདུས་ཚད་ཀྱི85.25%ཙམ་ཟིན་ཞིང་། སྨན་རྒྱུ་གཞན་པའི་ཚབ་བྱེད་ཐུབ། གོང་གི་སྒྲུས་ལེགས་ཁྱད་ཆོས་ལ་གཞིགས་ན། ལི་གྲོ་ནི་རང་རྒྱལ་གྱི་ཁྱད་ཆོས་ལྡན་པའི་རྩིང་འབྲུ་ཞིག་ཡིན་པའི་ཆ་ནས་ཤུགས་ཆེན་སྐོས་ཚོང་ར་ཟིན་བཞིན་ཡོད་པ་དང་། ལི་གྲོའི་ཐོན་རྫས་སྣ་ཚོགས་ཀྱང་རྒྱུན་མི་ཆད་པར་ཐོན་བཞིན་ཡོད། དཔེར་ན་ལི་གྲོའི་ལེབ་མོ་དང་ལི་གྲོའི་སྐྱོ་མ། ལི་གྲོའི་བག་ལེབ། ལི་གྲོའི་ཕྱེའམ་ཐུག་པ། ལི་གྲོའི་ནན་ཀྭའི་ཐུག་པ། ལི་གྲོའི་ག་ར་གོ་སྲུབ་སོགས་ཐོན་རྫས་མང་པོ་ཡོད་དོ། །

ས་བཅད་བདུན་པ། མཚོ་སྔོན་ཞིང་ཆེན་གྱི་ལི་གྲོ་འཕེལ་རྒྱས་ཀྱི་ལེགས་ཆ།

མཚོ་སྔོན་ནི་མཐོ་སྒང་གི་སྐམ་སའི་རང་བཞིན་གྱི་གནམ་གཤིས་ཡིན་ཞིང་། ཉོད་ཚད་དམའ་བ་དང་ཉིན་མཚན་གྱི་དྲོད་ཚད་ཁྱད་པར་ཆེ་བ། ཆར་བ་ཉུང་ཞིང་དུས་སྐབས་ཕྱོགས་གཅིག་ཏུ་འདུས་པ། ཉི་འོད་ཡོག་ཡུན་རིང་བ། ཉི་འོད་འཕྲོ་ཤུགས་ཆེ་བ་སོགས་ཀྱི་ཁྱད་ཆོས་ལྡན། དགུན་དུས་གྲང་ངར་ཆེ་ཞིང་ཡུན་

རིང་བ་དང་། དབྱར་དུས་བསིལ་ཞིང་ཡུན་ཐུང་བ། ས་ཁུལ་སོ་སོའི་ནམ་ཟླ་ལ་ཁྱད་པར་མངོན་གསལ་ཡོད་དེ། ཤར་ཕྱོགས་ཙོང་ཆུའི་གཞོང་སར། ལོ་རེའི་ཆ་སྙོམས་ཀྱི་དྲོད་ཚད་ནི2~9℃ཡིན་པ་དང་། བ་སོ་མེད་པའི་དུས་ནི་ཉིན100~200ཡིན། ལོ་རེའི་ཆར་ཆུ་འབབ་ཚད་ནི་ཧའོ་སྨི250~550ཡིན། གཙོ་བོ་ཟླ7~9བར་མཚམས་སུ་འདུས་ཡོད། ལྷོ་འདམ་གཤོངས་སའི་ལོ་རེའི་ཆ་སྙོམས་དྲོད་ཚད2~5℃ཡིན་པ་དང་། ལོ་རེའི་ཆར་ཆུ་འབབ་ཚད་ཧའོ་སྨི200ལ་ཉེ་ཞིང་། ཉི་འོད་ཐོག་ཡུན་ཆུ་ཚོད3000ཡན་ཟིན། བྱང་ཤར་ཕྱོགས་ཀྱི་མཐོན་པོ་རི་ཁུལ་དང་མཚོ་སྔོན་ལྷོ་ཕྱོགས་མཐོ་སྒང་གི་དྲོད་ཚད་དམའ་བས། མདོ་ལ་རི་བོ་དང་ཨར་ཅིན་རི་བོ། འབྲི་ཆུ་དང་རྨ་ཆུའི་ཆུ་མགོའི་ནུབ་ཕྱོགས་ཀྱི་རི་ཁུལ་ལས་གཞན། ལོ་རེའི་ཆར་ཆུ་འབབ་ཚད་ཧའོ་སྨི100~500ཡིན། མཚོ་སྔོན་ནི་འཕྲེད་ཐིག་བར་མའི་ཁུལ་དུ་གནས་པ་དང་། ཉི་མའི་འགྱེད་འཕྲོ་མཐོ་བ། ཉི་འོད་འཕྲོ་ཡུན་རིང་བ། ལོའི་སྤྱིའི་འགྱེད་འཕྲོའི་ཚད་ལི་སྨི་གྲུ་བཞི་མ་རེར་ཆན་ཅོར690.8~753.6ཟིན། ཐད་ཀའི་འགྱེད་འཕྲོའི་ཚད་ཀྱིས་སྤྱིའི་འགྱེད་འཕྲོའི་ཚད་ཀྱི60%ཡན་ཟིན། ལོའི་བསྡོམས་མེད་རིན་ཐང་ཆན་ཅོར418.68ལས་བརྒལ་བས། བོད་ལྗོངས་ཀྱི་རྗེས་སུ་འགྲིངས་ནས་ཀྲུང་གོའི་ཨང་གཉིས་པར་སླེབས་ཡོད།

ལི་གྲོ་ནི་ས་བབ་མཐོ་བ་དང་གྲང་ངར་ཆེ་བའི་ས་ཁུལ་ལ་མཐུན་ཞིང་འཕྲོད་པས། མཚོ་སྔོན་ཞིང་ཆེན་གྱིས་ལི་གྲོའི་འདེབས་ཁྱོན་ཇེ་ཆེར་གཏོང་བར་ལེགས་ཆ་དང་དགེ་མཚན་ངེས་ཅན་ལྡན། མཚོ་སྔོན་ཞིང་ཆེན་གྱི་ས་རྒྱུའི་ནང་དུ་གཏེར་རྒྱུ་མང་པོ་འདུས་ཡོད་པས་ལི་གྲོའི་ཐོན་སྐྱེད་ལ་ལེགས་ཆ་ཆེན་པོ་ཡོད། མཚོ་སྔོན་དུ་ཆར་ཆུ་ལྟོས་བཅས་ཀྱི་ཞིང་ལ་གནམ་གཤིས་སྐམ་ཤས་ཆེ་བ་དང་། ལྷག་པར་དུ་ལི་གྲོ་འཚར་ལོངས་ཀྱི་དུས་མཇུག་ཏུ་ལི་གྲོའི་འབྲུ་རྡོག་གི་ཚོང་ཟོག་ལ་ཕན་པ་ཆེན་པོ་ཡོད་པས། མཚོ་སྔོན་གྱི་ལི་གྲོར་འབྲུ་རྡོག་མང་བ་དང་འོད་མདངས་འཚེར་ཚད་

ལེགས་པ། སྨུ་གུ་འབུས་ཚད་ཉུང་བ། ཧམ་སྤུ་བརྒྱབ་པའི་འབྲུ་རྗོག་ཉུང་བ་སོགས་ཀྱི་ཁྱད་ཆོས་ལྡན།

མཚོ་སྔོན་གྱི་ཉིན་མཚན་གྱི་དྲོད་ཚད་ཁྱད་པར་ཆེ་བ་དང་། ལྷག་པར་དུ་མཚོ་ནུབ་ས་ཁུལ་དེ་བཞིན་ཡིན་པས། འབྲུ་རྗོག་སྐམ་པོ་གསོག་འཇོག་བྱེད་པར་ཕན་པ་ཡོད། དེ་བས། མཚོ་སྔོན་ཞིང་ཆེན་གྱི་མཚོ་ནུབ་ཁུལ་ནི་ཞིང་ལས་སྐྱེ་དངོས་སོ་སོའི་ཐོན་ཁུལ་གཙོ་བོ་ཡིན་པ་དང་ལི་གྲོ་ཡང་གཅིག་མཚུངས་ཡིན་ནོ། །མཚོ་སྔོན་གྱི་ལི་གྲོའི་འབྲུ་རྗོག་སྟོང་གི་ལྗིད་ཚད་ལ་ཁེ4.0~5.09ཡོད་པ་དང་མང་ཆེ་བ་ཁེ3.59ཡན་ཡིན། གཞན་པའི་ས་ཁུལ་དུ་འདེབས་འཛུགས་བྱས་པའི་ལི་གྲོ་མང་ཆེ་བ་ནི་འབྲུ་རྗོག་སྟོང་གི་ལྗིད་ཚད་ལ་ཁེ3.09ཡས་མས་ཡོད། མཚོ་སྔོན་ལི་གྲོའི་སིང་ཕྱེ་འདུས་ཚད་དང་ཚིལ་འདུས་ཚད། ཚོ་སྣ་རྩིང་པོའི་འདུས་ཚད་སོགས་ཅུང་མཐོ་ཞིང་། འདིའི་ནང་གི་སིང་ཕྱེ་འདུས་ཚད46.59%~58.93%དང་ཚིལ་འདུས་ཚད4.70%~7.06%ཡིན། ཚོ་སྣ་རྩིང་པོའི་འདུས་ཚད1.73%~15.24%ཡིན། སྤྲི་དཀར་འདུས་ཚད11.97%~16.72%དང་རྫོ་ཐལ་གྱི་འདུས་ཚད0.47%~1.21%ཡིན།

ལི་གྲོ་འཚར་ལོངས་ཀྱི་ཁྱད་ཆོས་ནི་མཚོ་སྔོན་ཞིང་ཆེན་གྱི་གནམ་གཤིས་དང་སྐྱེ་ཁམས་ཀྱི་ཁྱད་ཆོས་དང་འཚམ་ཞིང་། ལྷག་པར་དུ་གནམ་གཤིས་སྐམ་ཤས་ཆེ་བ་དང་ས་རྒྱུ་ཞན་པ་སོགས་ཀྱི་ས་ཁུལ་ཁག་གཅིག་ཏུ་ས་གནས་ཀྱི་འབྲུ་རིགས་དཀྱུས་མ་ཚོད་འདེབས་བྱས་པ་དང་བསྡུར་ན་འགྲན་རྩོད་ཀྱི་ལེགས་ཆ་ཆེན་པོ་ལྡན་པས། མཚོ་སྔོན་ཞིང་ཆེན་གྱི་ས་ཁུལ་མང་ཆེ་བར་ལི་གྲོ་ཚོད་འདེབས་ཁྱབ་གདལ་བཏང་སྟེ། ཐོན་ལས་འཕྲེལ་ཐག་ཆ་ཚང་དང་དེ་བཞིན་ས་རྒྱུའི་ཁྱད་ཆོས་ལྡན་པའི་ཕྱུས་ལེགས་ཀྱི་ཞིང་ལས་ཐོན་རྫས་རིམ་བཞིན་ཆགས་པར་བྱས་ནས། མཚོ་སྔོན་ཞིང་ཆེན་གྱི་ཞིང་ལས་ཐོན་རྫས་ཕྱུས་དག་དང་ཞིང་པའི་ཡོང་འབབ་རྗེ་མཐོར་གཏོང་བར་སྐུལ་འདེད་ཀྱི་ནུས་པ་ངེས་ཅན་ལྡན།

ལེའུ་གཉིས་པ། ལི་གྲོའི་ཁྱད་ཆོས།

ས་བཅད་དང་པོ། ལི་གྲོའི་རྣམ་པའི་ཁྱད་ཆོས།

ལི་གྲོ(*Chenopodiuum quinoa* Willd)ནི་ཚལ་དམར་རིགས་ཀྱི་ལི་ཁོངས་ཀྱི་ལོ་གཅིག་ལ་སྐྱེ་ཞིང་སྨིན་པའི་ལོ་མ་ཐུང་ལྡན་གྱི་རྩི་ཤིང་ཡིན། ཐན་སྐམ་དང་བ་ཚྭའི་ས་གནས། མཐོ་གྲང་། གསོ་རླུང་ཉུང་བ། མཐའ་མཚམས་ཀྱི་ཁོར་ཡུག་གཞན་དག་བཅས་ལ་དུས་ཡུན་རིང་པོར་འཚོད་པའི་གོ་རིམ་ཁྲོད་དུ། ཕུན་སུམ་ཚོགས་པའི་སོན་རྒྱུའི་སྣ་མང་རང་བཞིན་གྲུབ་ཡོད་དོ། །

གཅིག རྩ་བ།

ལི་གྲོ་ནི་རྩ་ལག་དྲང་མོར་སྐྱེས་པ་དང་། མང་ཆེ་བ་ས་ངོས་ཀྱི་ལི་སྨི15~35བར་མཚམས་སུ་ཁྱབ་ཡོད་ཅིང་། རྩ་བ་གཙོ་བོ་ས་ངོས་ཀྱི་ལི་སྨི1.5ཡས་མས་བར་མཚམས་སུ་སླེབ་ཐུབ་ཡོད་པ་དང་། གཞོགས་ཀྱི་རྩ་བ་དར་རྒྱས་ཆེ་བས་དྲ་བའི་དབྱིབས་སུ་ཁྱབ་ཡོད།

གཉིས། གཞུང་རྐ།

ལི་གྲོའི་གཞུང་རྐ་ཀྲོང་ངེར་ལངས་ཤིང་ཡལ་ག་མང་། གཞུང་རྐ་གཙོ་བོ་ནི་ཀ་ཟླུམ་གྱི་དབྱིབས་སུ་ཆགས་པ་དང་། གོང་རིམ་དང་དཀྱིལ་གཞུང་གི་སྟོང་པོའི་ཡན་ལག་ཟུར་དབྱིབས་ཡིན། གཞུང་རྐ་ལྗང་མདོག་གམ་ཁྲ་ཐིག་ཡོད། འབྲུ་རྡོག་

སྨིན་དུས་གཞུང་རྟའི་ལོ་མ་སེར་པོ་དང་དམར་པོ། སྨུག་པོ་སོགས་ཀྱི་མདོག་ཏུ་མངོན། རིགས་སྣ་མི་འདྲ་བ་དང་ཁོར་ཡུག་མི་འདྲ་བའི་འོག་ཏུ་སྡོང་རྐང་གི་མཐོ་ཚད་ལ་ཁྱད་པར་ཆུང་ཆེ་བ་ཡིན། ཁ་དབྱག་གྲངས་འགོར་ཡང་ས་བོན་དང་ཁོར་ཡུག སོན་འདེབས་ཀྱི་སྟུག་ཚད་བཅས་ཀྱི་དབང་གིས་མི་འདྲ་བ་ཡིན།

གསུམ། ལོ་མ།

ལི་གྲོའི་ལོ་འདབ་རྐང་མ་དང་ཆ་སྐྱེས་ལྷང་མདོག་ཡིན། སྡོང་རྐང་གི་རྩ་བའི་ལོ་མ་ནི་གཟེ་དབྱིབས་སམ་སྙིང་དབྱིབས་ཡིན་པ་དང་། དཀྱིལ་གྱི་ལོ་མ་ནི་མདུང་ཟླ་ཆེས་མའི་དབྱིབས་སམ་མདུང་ཟླ་ཆེས་མ་ཞེང་ཆེ་བའི་དབྱིབས་ཡིན། སྟོད་ཀྱི་ལོ་མ་ནི་ཞེང་ཆེ་བའི་ཁབ་དབྱིབས་ཡིན། ལོ་མའི་མཐའ་ནི་ཆ་མི་སྙོམས་པའི་སོག་ལེ་ཁའི་དབྱིབས་ཡིན། ལོ་མ་གསར་བའི་ཕྱི་ངོས་སུ་པྲ་ཚིལ་ཕྱེ་མ་མང་ཙམ་བཀབ་ཡོད་ཅིང་། ལོ་མའི་རྒྱབ་ཕྱོགས་སུ་པྲ་ཚིལ་ཕྱེ་མ་ཉུང་ཙུང་། ལོ་མའི་ཡུ་བའི་རྩ་བ་དང་ལོ་མའི་རྩ་རིས་ཀྱི་ཁ་དོག་དུས་རྒྱུན་དུ་དམར་མདོག་ཡིན། འབྲུ་རྫོག་སྨིན་དུས་ལོ་མའི་མདོག་ནི་སེར་པོ་དང་དམར་པོའམ་སྨུག་པོ་སོགས་ཡིན།

བཞི། མེ་ཏོག

ལི་གྲོ་ནི་མཚན་གཉིས་གཅིག་མཚུངས་ཀྱི་མེ་ཏོག་ཡིན་པ་དང་། སྙིགས་འདབ་དང་ཟེའུ་འབྲུའི་ཤུན་སྙིགས་ཞན་འགྱུར་ཡིན་ལ། ཟེའུ་འབྲུ་གོང་གནས། མེ་ཏོག་ཁྱུ་སྡོད5དང་སེར་མདོག་ཡིན་ཞིང་། མེ་ཏོག་གི་ཟེའུ་འབྲུའི་ཕོ་མོ་སྦེབ་སྦྱོར་བྱེད་པའམ་ཡང་ན་མེ་ཏོག་གཞན་དང་མི་འདྲ་བར་ཟེའུ་འབྲུ་ཕོ་མོ་སྦེབ་སྦྱོར་བྱེད་པ་ཡིན། མེ་ཏོག་གི་བང་རིམ་རྩེ་ནས་སྐྱེས་ཤིང་། གཞུང་རྟའི་རྩེ་ནས་སྐྱེས་པའི་མེ་ཏོག་བང་རིམ་རྫོག་མ་ཅན་ཡིན། རིམ་པ་དང་པོ་དང་གཉིས་པའི་སྡོང་པོའི་ཡན་ལག་གི་རྩེ་ལ་སྐྱེས་པའི་གཞོགས་སྐྱེས་གཉིས་པ་གདུགས་དབྱིབས་ཀྱི་མེ་ཏོག་བང་རིམ་ཡིན། རིམ་པ་གསུམ་པའི་སྡོང་པོའི་ཡན་ལག་གི་རྩེ་མོ་ནི་གདུགས་དབྱིབས་རྣམ་པའི་མེ་ཏོག་བང་

རིམ་ཡིན། མེ་ཏོག་གི་ཁ་དོག་ནི་ལྗང་ཁུ་དང་དམར་པོ། སྨུག་པོ་སོགས་ཡོད།

1. མེ་ཏོག་བང་རིམ།

ལི་གྲོའི་མེ་ཏོག་གི་བང་རིམ་ནི་སྣུང་དབྱིབས་ཡིན་པ་དང་། ཁ་དབྲག་ཙུང་མང་ཞིང་། མེ་ཏོག་བང་རིམ་གྱི་རིང་ཚད་ལི་སྨི15~70ཡིན་ལ། སྡོང་རྐང་གི་རྩེ་མོ་དང་རྩ་བའི་ལོ་མའི་མཆན་འོག་ཏུ་སྐྱེས་ཡོད། ལི་གྲོར་མེ་ཏོག་གི་ཁ་དབྲག་གཙོ་བོ1ཡོད་ཅིང་། དེར་ད་དུང་རིམ་པ་གཉིས་པ་དང་གསུམ་པའི་ཁ་དབྲག་སྐྱེས་པ་ཡིན། མེ་ཏོག་གི་བང་རིམ་ནི་ཚད་ལྡན་འཚར་ལོངས་ཀྱི་རིགས་ཡིན་ཞིང་། མཚན་གཉིས་མེ་ཏོག་ཐོན་རྗེས་ཁ་དབྲག་སྐྱེས་མཚམས་འཇོག་པ་དང་། མེ་ཏོག་གི་བང་རིམ་ནི་གཙོ་བོ་མེ་ཏོག་གི་གཞུང་རྟའི་ཆོགས་བར་ནས་སྐྱེས་པ་ཡིན། རིམ་པ་གསུམ་པའི་མེ་ཏོག་གི་ཁ་དབྲག་ཐུང་ངུའི་སྟེང་དུ་སྐྱེས་པའི་མེ་ཏོག་གི་ཚོམ་བུ་དེ་ལ་མེ་ཏོག་ཟླུམ་ཆུང་ཟེར། རིམ་པ་གཉིས་པ་དང་གསུམ་པའི་ཁ་དབྲག་སྟེང་དུ་མཇུག་སྣེའི་མཚན་གཉིས་མེ་ཏོག་སྐྱེས་ཡོད། ལི་གྲོའི་ཁྱད་ཆོས་གཙོ་བོ་ཞིག་ནི་མཚན་གཉིས་ཀྱི་མེ་ཏོག་ཡོད་ལ་མོ་གཤིས་མེ་ཏོག་ཀྱང་ཡོད། ལི་གྲོའི་མེ་ཏོག་བང་རིམ་གྱི་དབྱིབས་ལ་གཤམ་གྱི་རིགས་གཉིས་ཡོད་དེ། ཚལ་དམར་རྩེ་ཤིང་གི་མེ་ཏོག་གི་བང་རིམ་ནི་རིམ་ཞན་ཁ་དབྲག་སྟེང་དུ་སྐྱེས་ཡོད། གདུགས་དབྱིབས་མེ་ཏོག་བང་རིམ་གྱི་མེ་ཏོག་ཟླུམ་བུ་ཆུང་ངུ་ནི་བང་རིམ་གསུམ་པའི་མེ་ཏོག་གི་ཁ་དབྲག་སྟེང་དུ་སྐྱེས་ཡོད། ལི་གྲོའི་མེ་ཏོག་བང་རིམ་གྱི་ཁ་དོག་ནི་རྒྱུ་གཞིའི་རིགས་མི་འདྲ་བར་གཞིགས་ནས་མི་མཚུངས་ཤིང་། གཞི་རྒྱུའི་ཐོན་ཁུངས་ཁྲོད་དུ་མེ་ཏོག་གི་བང་རིམ་སེར་པོ་ནི་རྒྱུན་མཐོང(57%)གི་རིགས་ཡིན། དེའི་འཁོར་མེ་ཏོག་གི་བང་རིམ་དམར་པོའི(32%)རིགས་ཡིན། ཚ་ལུ་མ་དང་ཟིང་སྐྱ། སྨུག་པོའི་མདོག་གི་མེ་ཏོག་བང་རིམ་བཅས་ནི་རྒྱུན་མཐོང་མིན། (རིགས་རེར་ད་ལམ4%ཡིན)

2. མེ་ཏོག་དང་དེའི་རིགས་སྣ།

ལི་གྲོའི་མེ་ཏོག་ལ་འདབ་མ་མེད། མོ་གཤིས་མེ་ཏོག་དང་ཆ་ཚང་བའི་མེ་ཏོག་ཡོད། ཆ་ཚང་བའི་མེ་ཏོག་ལ་སྐོགས་འདབ5དང་མེ་ཏོག་གི་ཁུ་སྡོད5 གོང་གནས་ཟེའུ་འབྲུ1བཅས་ཡོད། ཟེའུ་འབྲུའི་སྟེང་ཕྱོགས་ཀྱི་ཟེ་མགོ་ལ་ཁ་དབྲག2དང་ཡང་ན3ཡོད་པ་དང་། ཟེའུ་འབྲུ་མོའི་གདོང་རྐང་སྟེང་དུ་ཟེ་མགོའི་ཁ་དབྲག4ཡོད། འོན་ཀྱང་མེ་ཏོག་བཞད་པའི་དུས་སུ་ཟེ་མགོའི་ཁ་དབྲག3ཙམ་ལས་མེད་པ་དང་། གཞན་པ་དེ་ཉིད་གསོན་མི་ཐུབ། ལི་གྲོའི་མེ་ཏོག་ནི་མཚན་གཉིས་ཀྱི་མེ་ཏོག་གམ་ཡང་ན་མོ་གཤིས་རྐྱང་བའི་མེ་ཏོག ཟེའུ་འབྲུའི་ཤུན་སྐོགས་ཡོད་པའམ་མེད་པར་གྱུར་པ་མང་ཞིང་། དེ་བཞིན་ཆེ་ཆུང་རིགས5ལ་དབྱེ་ཚོག་སྟེ།

རྩེ་སྐྱེས་མཚན་གཉིས་མེ་ཏོག རྩེ་སྐྱེས་མེ་ཏོག་གི་ཞེང་ཚད་ལ་ཧའོ་སྨི2ཡོད། འདི་ནི་མེ་ཏོག་གི་ཡལ་ག་གཙོ་བོ་དང་རྩ་བའི་མེ་ཏོག་གི་ཁ་དབྲག གཞོགས་སྐྱེས་མེ་ཏོག་ཁ་དབྲག་གི་བང་རིམ་གྱི་ཆོམ་བུའི་མེ་ཏོག་ཁྲོད་དུ་གནས་ཡོད།

གཞོགས་སྐྱེས་མཚན་གཉིས་ཀྱི་མེ་ཏོག མོ་གཤིས་མེ་ཏོག་དང་ཉིས་སྐྱེས་གདུགས་དབྱིབས་མེ་ཏོག་བང་རིམ་གྱི་རིམ་པ་དང་པོ་དང་རིམ་པ་གཉིས་པ། ཐ་ན་རིམ་པ་གསུམ་པའི་མེ་ཏོག་གི་ཁ་དབྲག་གི་སྣེ་མཐའ་རུ་ཐོར་ཡོད། མེ་ཏོག་འདི་དག་ལ་མེ་ཏོག་གི་ཟེའུ་འབྲུ་དང་ཟེའུ་འབྲུ་ཕོ5ཡོད།

མེ་ཏོག་གི་ཟེའུ་འབྲུ་ཡོད་པའི་མོ་གཤིས་མེ་ཏོག་ཆེན་པོ། མེ་ཏོག་གི་ཟེའུ་འབྲུའི་ཤུན་སྐོགས5དང་ཟེའུ་འབྲུ་ཕོ་མེད། ཆེ་ཆུང་ནི་མཚན་གཉིས་མེ་ཏོག་གི་ཕྱེད་ཀ(ཧའོ་སྨི1)ཡིན།

མེ་ཏོག་གི་ཟེའུ་འབྲུའི་ཤུན་སྐོགས་ཡོད་པའི་མོ་གཤིས་མེ་ཏོག་ཆུང་ངུ། ཉིས་སྐྱེས་གདུགས་དབྱིབས་མེ་ཏོག་བང་རིམ་གྱི་མཇུག་སྣེའི་ཁ་དབྲག་སྟེང་དུ་ཁྱབ་ཡོད། མེ་ཏོག་ཙུང་ཆུང་བ་ལས་གཞན། (ཧའོ་སྨི0.5) རྣམ་པ་རིག་པའི་སྟེང་དུ་རིགས་

གསུམ་པའི་མེ་ཏོག་དང་གཅིག་མཚུངས་ཡིན།

མེ་ཏོག་གི་ཟེའུ་འབྲུའི་ཤུན་སྐོགས་མེད་པའི་མེ་ཏོག་ཆུང་ངུ། གཅེར་བུར་བུད་པའི་ཟེའུ་འབྲུའི་པགས་པ་ལས་མེ་ཏོག་གི་ཟེའུ་འབྲུ་མེད། ཉིས་སྐྱེས་གདུགས་དབྱིབས་མེ་ཏོག་བང་རིམ་གྱི་མཇུག་སྣེའི་ཁ་དབྲག་སྟེང་དུ་ཁྱབ་ཡོད།

3. མེ་ཏོག་གི་ཚོམ་བུའམ་མེ་ཏོག་གི་སྦྱོ་ལོ།

ལི་གྲོའི་མེ་ཏོག་ཚོམ་བུའི་ནང་གི་མེ་ཏོག་ནི་ཕན་ཚུན་རིམ་པ་གསུམ་པའི་མེ་ཏོག་ཁ་དབྲག་སྟེང་དུ་ཆ་སྐྱེས་ཡིན་པ་དང་། ཉིས་སྐྱེས་གདུགས་དབྱིབས་ཡིན། ཉིས་སྐྱེས་གདུགས་དབྱིབས་མེ་ཏོག་གི་བང་རིམ་ཆ་འགྲིག་སྒྲོས་ཁྱབ་ཡོད། མཚན་གཉིས་མེ་ཏོག་བྱུང་བ་དང་བསྟུན་ནས་མཇུག་སྒྲིལ་བ་ཡིན། མེ་ཏོག་གི་ཁ་དབྲག་སྟེང་གི་མེ་ཏོག་ཚོམ་བུའི་གནས་ཡུལ་གྱིས་འདིའི་ཆེ་ཆུང་དང་གྲངས་འབོར། རིགས་དབྱིབས་མི་འདྲ་བའི་མེ་ཏོག་གིས་ཟིན་པའི་བསྐྱུར་ཚད་སོགས་ཐག་གཅོད་པ་ཡིན། ཉིས་སྐྱེས་གདུགས་དབྱིབས་མེ་ཏོག་བང་རིམ་གྱི་གྲངས་ཀ་དང་འབྲེལ་བའི་གཞོགས་སྐྱེས་ཡལ་གའི་མེ་ཏོག་གི་རིགས་དང་འདིའི་ཁ་གྲངས་ལ་རིགས་སྣ་བཅུ་ཡོད།

ལྔ། འབྲས་བུ།

ལི་གྲོའི་འབྲས་བུ་ནི་སྐམ་སོན་འབྲས་བུའི་དབྱིབས་ནི་ཀ་ཟླུམ་གྱི་དབྱིབས་དང་སྒོང་དབྱིབས་སམ་འཇོང་དབྱིབས་ཡིན་ལ། ཚངས་ཐིག་ལ་ཧ་འོ་སྨི1.8~2.6ཡོད། འབྲས་ཤུན་གྱི་ནང་དུ་རྩེ་ཁ་བའི་ཆལ་ཀམ་འདུས་ཡོད། འབྲས་བུ་སྨིན་དུས་འབྲས་སྐྱེ་སེར་པོ་དང་དམར་སྐྱ། སྨུག་པོ་སོགས་ཡིན། ལི་གྲོའི་འབྲས་བུ་ནི་སྐམ་སོན་ཡིན་པས། ཕྱི་ནས་ནང་བར་དུ་མེ་ཏོག་གི་ཟེའུ་འབྲུའི་ཤུན་སྐོགས་དང་ཤིང་ཏོག་གི་ཤུན་ལྤགས། སོན་ཤུན་བཅས་ཡིན།

དྲུག ས་བོན།

ལི་གྲོའི་ས་བོན་སྨུག་འབུས་མགྱོགས་ཤིང་བརྣན་གཤེར་ཁོར་ཡུག་འོག་ཏུ་དུས་

ཚོད་ཁ་ཤས་ནང་དུ་སྨུ་གུ་འབུས་ཐུབ། དེའི་ཚངས་ཐིག་ལ་ཧའོ་སྨི1.5~2.2དང་། འབྲུ་རྫོག་སྟོང་གི་ལྗིད་ཚད་ལ་ཁེ1.5~4.5ཡོད། དབྱིབས་ནི་ཟླུམ་དབྱིབས་དང་ཀ་ཟླུམ་དབྱིབས། སྟུང་དབྱིབས། ཡང་ན་འཇོང་དབྱིབས་བཅས་ཡོད། ཁ་དོག་ནག་པོ་དང་སེར་སྐྱ། དཀར་པོ་བཅས་ཡིན། ལི་གྲོའི་ས་བོན་ལ་སྐྱེ་མཚམས་ཆད་པའི་དུས་སྐབས་མེད། སྨུ་གུ་འབུས་ཚད་མགྱོགས་ཤིང་། ཤིང་ཏོག་གི་ཤུན་ལྤགས་སྟེང་དུ་ལྷག་ལུས་ཆལ་ཀམ་གྱིས་བཟོས་པ་ཡིན་པས། བེད་སྤྱོད་མ་བྱས་གོང་དུ་བཀྲུས་ན་མེད་པར་བཟོ་ཐུབ།

བདུན། འཚར་ལོངས་ཀྱི་དུས་ཚད།

ལི་གྲོའི་འཚར་ལོངས་ཚད་ནི་སྤྱིར་བཏང་དུ་ཉིན85~150ཡིན། སོན་རྒྱུད་ཀྱི་རིགས་སྣ་དང་གནམ་གཤིས་ཆ་རྐྱེན། སོན་འདེབས་དུས་ཚོད། དེ་བཞིན་འདེབས་གསོའི་ཆ་རྐྱེན་སོགས་དང་འབྲེལ་བ་ཡོད། འདེབས་གསོ་བྱེད་དུས་སྤྱིར་བཏང་དུ་བ་སོ་མེད་པའི་དུས་ཡུན་ཉིན100ཡན་དགོས།

སྨུ་གུ་འབུས་པའི་དུས་སྐབས། ས་བོན་བཏབ་པ་ནས་སྨུ་གུ་རྒྱས་པར་སྤྱིར་བཏང་ཉིན3ཡས་མས་དགོས།

སྨུ་གུ་རྒྱས་པའི་དུས་སྐབས། སྐྱེ་རྟེན་ལོ་མ་རྒྱས་པ་ནས་ཐེའུ་ཐོག་པར་འབྱུང་བར་སྤྱིར་བཏང་དུ་ཉིན35ཡས་མས་དགོས། འཚོ་བཅུད་འཚར་ལོངས་གཙོ་བོ་དང་། དུས་མཚུངས་སུ་མེ་ཏོག་དང་སྨུ་གུ་ཁ་གྱེས་པའི་དུས་སྐབས་ཡིན།

སྙེ་མ་ཆགས་པའི་དུས་སྐབས། མེ་ཏོག་གི་ཐེའུ་ཐོག་མར་བཞད་དུས་ནས་མེ་ཏོག་བཞད་པར་སྤྱིར་བཏང་དུ་ཉིན15ཡས་མས་དགོས་ཤིང་། འདི་ནི་ལི་གྲོའི་འཚར་ལོངས་ཀྱི་དུས་མཚམས་ཤིག་ཡིན།

སྙེ་མ་ཐོན་པ་དང་མེ་ཏོག་བཞད་པའི་དུས་སྐབས། མེ་ཏོག་བཞད་པའི་དུས་མགོ་ནས་མེ་ཏོག་བཞད་མཇུག་སྒྲིལ་བར་སྤྱིར་བཏང་དུ་ཉིན30ཡས་མས་དགོས། སྙེ་མ་ཐོན་པ་དང་མེ་ཏོག་བཞད་པའི་འཚར་ལོངས་དུས་སྐབས་སུ། འཚོ་བཅུད་འཚར་

ཡོངས་ཀྱང་ཙུང་མགྱོགས།

སྐེ་མ་མིག་ བླུག་གམ་འབྲས་བུ་སྨིན་པའི་དུས་སྐབས། མེ་ཏོག་བཞད་ཚར་བ་ནས་འབྲུ་ཇོག་འབྲས་བུ་སྨིན་པར་སྤྱིར་བཏང་དུ་ཉིན40ཡས་མས་དགོས།

ས་བཅད་གཉིས་པ། ལི་ཤྲིའི་རྣམ་འགྱུར་ཁྱད་ཆོས།

ལི་ཤྲིའི་མིང་ལ"འབྲུ་རིགས་རྫུན་མ"ཟེར་ཞིང་། ས་བོན་གྱི་འཚོ་བཅུད་ནི་སྐྱེ་རྩའི་གསོ་བཅུད་ཀྱི་ཕྱི་དང་སྐྱེ་རྩ། སྐྱེ་རྩའི་གསོ་བཅུད་བཅས་ཁུལ་གསུམ་དུ་ཉར་ཚགས་བྱས་ཡོད། འདིའི་ནང་དུ་སྤུས་ལེགས་ཀྱི་སྦྲི་དཀར་དང་སིང་ཕྱེ། ཚིལ། གཏེར་རྒྱུ། འཚོ་རྒྱུ་སོགས་འདུས་ཡོད། འཚོ་བཅུད་ཀྱི་རིན་ཐང་ནི་འབྲུ་རིགས་གཞན་ལས་མཐོ་བས། མིའི་རིགས་ཀྱི་ལུས་པོའི་བདེ་ཐང་རྒྱུན་འཁྱོངས་བྱེད་པར་ནུས་པ་གལ་ཆེན་ལྡན། ལི་ཤྲིའི་ནང་དུ་སྤུས་ལེགས་སྦྲི་དཀར་དང་མངར་ཆ་མང་བ། ཚད་མ་ལོན་པའི་ཚིལ་སྙུར་སོགས་འདུས་ཚད་མཐོ་བའི་འཚོ་བཅུད་འདུས་ཡོད་པར་མ་ཟད། ད་དུང་འཚོ་བཅུད་དང་གཏེར་རྒྱུ་སོགས་ཚད་ལྡན་འཚོ་བཅུད་ཀྱང་འདུས་ཡོད། གཞན་ཡང་ཉིང་སེར་རྒྱུ་དང་ལོ་མའི་སྙུར་རྒྱུ། ཀལ། མའེ། ལྕགས། ཏི་ཚ་སོགས་འདུས་ཚད་ཀྱང་འབྲུ་རིགས་གཞན་དག་ལས་མཐོ། དུས་མཚུངས་སུ་ད་དུང་རྩི་ཤིང་གི་རྫས་འགྱུར་དངོས་རྫས་སྣ་ཚོགས་ཀྱང་འདུས་ཏེ། འདིའི་ནང་དུ་ཆལ་ཀམ་དང་མང་ཐྱུན་རིགས། ཧོང་ཐུང་རིགས། མངར་ཚལ་བུལ་ཏོག རྩི་ཤིང་ཅན་ཁྲུན་སོགས་འདུས་པས། "འཚོ་བཅུད་ཡོངས་འདུས་ཟས་རིགས"ཞེས་འབོད་པ་ཡིན་ནོ། །

གཅིག འཚོ་བཅུད་ཀྱི་གྲུབ་ཆ།

1. སིང་ཕྱེ།

སིང་ཕྱེ་ནི་ལི་ཤྲིའི་གྲུབ་ཆ་གཙོ་བོ་ཡིན་ལ། འདིའི་འདུས་ཚད་ཀྱིས་དངོས་པོ་

སྐམ་པོ་སྤྱིའི་ཚད་ཀྱི50%ཡན་ཟིན། དེ་བས། ལི་གྲོ་ཕྱེ་མའི་ངོ་བོ་ནི་ཚད་ངེས་ཅན་ཞིག་གི་སྟེང་ནས་ལི་གྲོ་སིང་ཕྱེའི་གྲུབ་ཚུལ་དང་ངོ་བོར་རག་ལས་ཡོད། ལི་གྲོ་སིང་ཕྱེའི་རྫོག་ཚད་ཆུང་ཞིང་ཐད་འབྲེལ་སིང་ཕྱེ་དང་རིམ་འབྲེལ་སིང་ཕྱེའི་བསྡུར་ཚད་ནི1 : 3ཡིན། རིམ་འབྲེལ་སིང་ཕྱེ་ལ་ཐུང་འབྲེལ་དང་ཚད་བརྒྱལ་རིང་འབྲེལ་ཡོད་པས། ཁྱད་ཆོས་འདི་དག་གིས་ལི་གྲོ་སིང་ཕྱེ་ནི་བཟའ་བཅའི་བཟོ་ལས་དང་ལས་རིགས་གཞན་དག་ཁྲོད་དུ་རྒྱ་ཁྱབ་ངང་སྤྱོད་བཞིན་ཡོད། དཔེར་ན། ཕེ་ཁེ་ལིན་འོ་མའི་གཉེར་ཁུ་བཟོ་བ་ལྷ་བུ། ལི་གྲོ་ལ་བྲོ་རྫས་དང་ཁུ་དྭངས། ཕྱེ་སོགས་ཀྱི་ནུར་སྐྱེད་རྫས་ཀྱི་ནུས་པ་ཡོད། རྒྱུ་མཚན་ནི་འདི་ལ་འཁྱགས་བཞུ་གཏན་འཇགས་རང་བཞིན་དང་སྤྱིན་དཀག་དམའ་གནས། དྲོད་ཚད་དམའ་བའི་བཟོད་བསྲན་རང་བཞིན་བཅས་ཀྱི་ཁྱད་ཆོས་ལྡན། ལི་གྲོའི་སིང་ཕྱེ་ཡིས་ཐུ་རྒྱུ་མེད་པའི་སོབ་གོར་གྱི་རྒྱུ་སྤུས་ལེགས་བཅོས་དང་ཞུ་རུང་བའི་སྐྱེ་དངོས་སྲབ་སྐྱི་བཟོས་ནས་ཐོབ་ཅིང་། དྲི་ཞིམ་གཏན་འཇགས་སོགས་བྱེད་ཐུབ། རྒྱུ་མཚན་ནི་འདིར་ཆུ་སྲུང་བྱེད་ནུས་དང་དཀག་འགྱིག་གི་བརྟན་བརླིང་རང་བཞིན་ལྡན་པས་ཡིན། མ་འོངས་པའི་ཞིབ་འཇུག་ཁྲོད་དུ། མཐོ་གནོན་ཐག་གཅོད་བྱུས་རྗེས་ཀྱི་ལི་གྲོའི་སིང་ཕྱེ་ནི་གྲུབ་ཆ་གཞན་དག་དང་མཉམ་དུ་འདྲེས་ཆོག་སྟེ། བྱེད་ནུས་ཁྱད་ཆོས་ལྡན་པའི་མཉམ་འདུས་ཟས་རིགས་དང་འོ་བཅུད་གསར་སྤེལ་བྱེད་པར་བཀོལ་ཆོག ལི་གྲོའི་སིང་ཕྱེ་དང་འབྲུ་རིགས་སིང་ཕྱེ་གཞན་དག་བསྡུར་ན་ཐད་འབྲེལ་སིང་ཕྱེ་འདུས་ཚད་ཏ་ཅང་དམའ། ལི་གྲོའི་སིང་ཕྱེ་ད་དུང་བཟོ་ལས་ཀྱི་སྤྱོད་སྒོ་མང་པོར་སྤྱད་ཆོག་པ་དཔེར་ན། ནུར་སྐྱེད་དང་བརྟན་འཇགས། སྤྱིན་དཀག་པ། སྦོམ་པ། ཆུ་འཛིན་པ། འཁྱར་ཤུགས་བཅས་ཡིན།

ལི་གྲོའི་འབྲུ་རྫོག་ནང་དུ་སིང་ཕྱེའི་འདུས་ཚད་ཀྱི58.1%~64.2%ཟིན་མོད། འོན་ཀྱང་རྟགས་འཕར་སྟོན་གྲངས(GI)ཏ་ཅང་དམའ། སིང་ཕྱེ་ནི་གཙོ་བོD–ཤིང་རྟགས་(ཏའོ་ཁེ120/ཁེ100)དང་། གྲོ་སྨུག་རྟགས(ཏའོ་ཁེ101/ཁེ100)རྣམ་པས་

གནས། རྒྱུན་འབྱུམ་མངར་ཆ(ཏའོ་ཁེ19/ཁེ100)དང་ཤིང་འབྲས་མངར་ཆའི(ཏའོ་ཁེ19.6/ཁེ100)འདུས་ཚད་ཏ་ཅང་དམའ། འདིའི་ཚངས་ཐིག་ལྷེ་སྙི0.5~3ཡིན། འབྱར་འགྱུར་གྱི་དྲོད་ཚད་ནི54.0~71.0℃ཡིན་པ་དང་། ཚ་ཏན་ནི11.0ཇོལ/ཁེ་ཡིན། སིང་ཕྲེའི་རྣམ་པ་ནི་གྲོ་ཡི་སིང་ཕྲེ་དང་འདྲ་མཚུངས་ཡིན་པས། སྒྲོ་སྐམ་བཟོ་ལས་ལ་བཀོལ་ཆོག འབྱུགས་བཙུ་གཏན་འཇགས་རང་བཞིན་ནི་གྲོ་ལས་ཏ་ཅང་མཐོ་བ་དང་། སིང་ཕྲེ་འབྱར་འགྱུར་གྱི་ཐོག་མའི་དྲོད་ཚད་དང་ཆེས་མཐོའི་དྲོད་ཚད་ནི་གྲོ་ལས་དམའོ། །

2. སྤྲི་དཀར་དང་ཨན་གཞི་སྐྱུར།

ལི་གྲོའི་ནང་དུ་བཀོལ་ཐུང་བའི་སྤྲི་དཀར་གྱི་ཕྱུས་ཚད་ནི་ཆེས་མཐོ་བའི་སྐར་གྲངས་ཡིན། ལི་གྲོའི་ཁྲོད་ཀྱི་སྤྲི་དཀར་ཏའོ་ཁེ/ཁེ155.7ལ་སླེབས་པར་མ་ཟད། ལའི་ཨན་སྐྱུར(57.1ཏའོ་ཁེ/ཁེ་དང་ཅིང་ཨན་སྐྱུར(100.6ཏའོ་ཁེ/ཁེ)ཐུལ་གཉིས་ཨན་གཞི་སྐྱུར། ཐན་ཙུང་ཨན་སྐྱུར(76.3/ཏའོ་ཁེ/ཁེ)དང་ཀུའུ་ཨན་སྐྱུར(116.3/ཏའོ་ཁེ/ཁེ)སོགས་སྐྱུར་གཉིས་ཨན་གཞི་སྐྱུར་འདུས་ཡོད། ལི་གྲོའི་ཁྲོད་དུ་ད་དུང་སྤྲི་ཨེམ་སྐྱུར(4.0~10.0ཏའོ་ཁེ/ཁེ)སོགས་རང་བཞིན་སྐྱོམས་པའི་ཨེམ་རྫང་སྐྱུར་ཡོད།

ལི་གྲོའི་བཟའ་བྱའི་གནས་གཙོ་བོ་ནི་ས་བོན་ཡིན་པ་དང་། ལི་གྲོའི་ས་བོན་ནང་དུ་སྤྲི་དཀར་དང་ཨན་གཞི་སྐྱུར་འདུས་ཡོད། ཞིབ་འཇུག་གི་ངོས་འཛིན་ལྟར་ན། ལི་གྲོའི་ནང་དུ་ཨན་གཞི་སྐྱུར་མང་པོ་འདུས་ཡོད་ཅིང་། འདིའི་ཁྲོད་དུ་ངེས་པར་དུ་དགོས་པའི་ཨན་གཞི་སྐྱུར་གྱི་འདུས་ཚད་འབྲུ་རིགས་གཞན་པ་ལས་མཐོ། ཞིབ་འཇུག་བྱས་པ་ལྟར་ན། ལི་གྲོའི་ནང་དུ་ཨན་གཞི་སྐྱུར་རིགས16འདུས་ཡོད་པ་དང་། འདིའི་ཁྲོད་ཀྱི་རིགས8ནི་མིའི་ལུས་ཁམས་ལ་མཁོ་བའི་ཨན་གཞི་སྐྱུར(དཔེར་ན་ལའི་ཨན་སྐྱུར་དང་སུའུ་ཨན་སྐྱུར། ཐྲ་ལིའུ་ཨན་སྐྱུར་སོགས་ལྟ་བུ)ཡིན་ལ། བསྡུར་ཚད་འོས་འཚམ་ཡིན་པར་མ་ཟད་སྤྱད་ལེན་བྱེད་སླ། ལི་གྲོ་ནང་

དུ་མིའི་ལུས་ཁམས་ལ་མཁོ་བའི་ལའི་ཨན་སྨུར་གྱི་འདུས་ཚད་ནི་སྤྲན་ཆེན་ལས་ལྷབ1.4མཐོ་ཞིང་། མ་རྐྱོས་ལོ་ཏོག་གི་ལྷབ2.5~5.0དང་གྲོའི་ལྷབ20.6ཡིན་ལ། འོ་མའི་ལྷབ14.0ཡིན། འདིའི་ཁྲོད་དུ་ཞུབ་རྫས་མི་འདུས་ཤིང་། ཞུབ་རྫས་ཀྱི་ཕོ་བ་དང་རྒྱུ་ལམ་གྱི་སྨན་ལོག་གཡོལ་ཐུབ་པས། ཞུབ་རྫས་ལ་སྨན་ལོག་ཡོད་པའི་མི་སྣས་ལོངས་སྤྱོད་བྱས་ཆོག

ལི་གྲོའི་སྤྲི་དཀར་ནི་གཙོ་བོ11Sཅན་གྱི་ཀླུམ་མའི་སྤྲི་དཀར་གྱིས་གྲུབ་པ་དང་། ཏ་ལམ་སྤྲིའི་སྤྲི་དཀར་གྱི37%ཟིན། 2Sསྤྲི་དཀར་སླ་བས་སྤྲིའི་སྤྲི་དཀར་གྱི35%ཟིན། ད་དུང་གར་ཚད་ཅུང་དམའ་བའི་ཕྲུན་ཞུ་སྤྲི་དཀར(སྤྲིའི་སྤྲི་དཀར་གྱི0.5%~7%ཟིན)འདུས་པས་འབྲུ་རིགས་ཀྱི་སྤྲི་དཀར་དང་གཅིག་མཚུངས་ཡིན། ལི་གྲོའི་ནང་དུ་འབྲུ་རིགས་གཞན་གྱིས་བསྒྱུར་ཐབས་བྲལ་ཞིང་། སྲུས་ཚད་མཐོ་བའི་སྤྲི་དཀར་ཆ་ཚང་འདུས་ཡོད། གནས་ཚུལ་མང་པོའི་འོག་ཏུ། ཤའི་ཐོན་རྫས་དང་འོ་མའི་ཐོན་རྫས་ཀྱི་ཚབ་བྱས་ནས་མི་ལུས་ལ་སྤྲི་དཀར་མཁོ་སྤྲོད་བྱེད་ཐུབ། ལི་གྲོར་ཆོད་འཛིན་རང་བཞིན་གྱི་ཨན་གཞི་སྨུར་གང་ཡང་མི་འདུས་པར་མ་ཟད། ད་དུང་རྒྱུན་ལྡན་གྱི་འབྲུ་རིགས་ཀྱི་སྟེང་དུ་མེད་པའི་ལའི་ཨན་སྨུར་དང་སྲུམ་མ། ཕྲུ་གུ་དམར་འགྱུར་བཅས་ལ་མཁོ་བའི་ཚོ་ཨན་སྨུར་ཡང་འདུས་ཡོད། ལི་གྲོའི་ཀླུམ་མའི་སྤྲི་དཀར་དང་སྤྲི་དཀར་སླ་བ་ནི་ཨར་ལིག་ཅན་གྱི་བྱེད་ནུས་འོག་ཏུ་ཅུང་གཏན་འཇགས་རང་བཞིན་ལྡན། འོན་ཀྱང་ལི་གྲོའི་ནང་དུ་ཙི་ཀན་འདུས་པས་ལོངས་སྤྱོད་མ་བྱས་སྔོན་ལ་དེ་ཉིད་མེད་པར་བཟོ་དགོས། ཤུན་པགས་བཤུ་ནས་མེད་པར་བཟོས་ཆོག་མོད། འོན་ཀྱང་ཆལ་དོར་ན་ཏན་ཞུ་འབྱེད་ཚད་དང་ལི་གྲོའི་སྤྲི་དཀར་འཇུ་ཚད། ལི་གྲོའི་སྤྲི་དཀར་འོ་འགྱུར་དང་ལྦུ་བ་སྐྱེད་རྫས་ཇེ་དམའ་རུ་གཏོང་ཐུབ།

སྤྲི་དཀར་གྱི་འདུས་ཚད་དང་སྟུད་ལེན་འཇུ་ཚད། བེད་སྤྱོད་ཐུབ་ཚད་བཅས་

ནི་བཟའ་བཅའི་སྤྲི་དཀར་གྱི་འཚོ་བཅུད་རིན་ཐང་ལ་ཕྱོགས་ཡོངས་ནས་གདེང་འཇོག་བྱེད་པའི་དམིགས་ཚད་ཆེན་པོ་གསུམ་ཡིན། ལི་གྲོའི་ས་བོན་གྱི་ཆ་སྙོམས་སྤྲི་དཀར་འདུས་ཚད་ནི12%~23%ཡིན་པ་དང་། གྲོ(11%)དང་ཆུ་འབྲས(7.5%) མ་རྨོས་ལོ་ཏོག(13.4%)བཅས་ལས་མཐོ་བ་དང་། གྲོའི་སྤྲི་དཀར་གྱི་འདུས་ཚད(15.4%)དང་གཅིག་མཚུངས་ཡིན། ཆུ་ཞུ་སྤྲི་དཀར་དང་ཚྭ་ཞུ་སྤྲི་དཀར་གཉིས་ཀྱིས་སོ་སོར་སྤྱིའི་སྤྲི་དཀར28.7%~36.2%དང28.9%~32.9%ཟིན་ཞིང་། ཕལ་ཆེར་ཕྲུན་ཞུ་སྤྲི་དཀར་མི་འདུས། ལི་གྲོའི་སྐྱེ་དངོས་རིན་གོང་ནི་མ་རྨོས་ལོ་ཏོག་དང་གྲོ། སྲན་ཆེན་སོགས་སྐྱེ་དངོས་ལས་མཐོ་བས་ཆུ་འབྲས་དང་འདྲ་མཚུངས་ཡིན། སྤྲི་དཀར་རྫས་ཀྱི་དོན་དངོས་འཇུ་ཚོད་དང་སྤྲི་དཀར་རྫས་ཀྱི་སྨར་ཕྱོད་གཞན་དག་ལས་མངོན་གསལ་གྱིས་མཐོ་ཞིང་། འདི་ནི་མི་ལུས་ཀྱི“རིན་ཆེན་འཚོ་བཅུད”ཡིན།

3. ཐན་ཆུའི་འདྲིས་སྦྱོར་དངོས་རྫས།

ཐན་ཆུའི་འདྲིས་སྦྱོར་དངོས་རྫས་ལ་སྐྱེ་དངོས་ཀྱི་ཕུང་པོའི་ནང་དུ་རྣང་གཞིའི་རང་བཞིན་གྱི་འཚོ་བཅུད་ནུས་པ་དང་སྐྱེ་ཁམས་ཀྱི་གྲུང་གཤིས་རིགས་མང་པོ་ཡོད་དེ། དཔེར་ན། ནུས་ཚད་ཀྱི་འབྱུང་ཁུངས་དང་ལྟོ་བ་རྒྱགས་པའི་ཚོར་བ/ཕོ་བ་སྟོང་ཕུད་པ། ཁྲག་ཤེད་དང་ཤན་སྙིང་རྒྱུའི་ཉིང་ཚབ་གསར་བྱེད་ཚོད་འཛིན། སྤྲི་དཀར་རྟགས་རྣང་ཅན་དུ་འགྱུར་བ། མཁྲིས་རྒྱུ་གཤེར་རྩི་དང་ཀན་སྨུམ་ཞག་གསུམ་ཉིང་ཚབ་གསར་བྱེད་སོགས་ལྟ་བུ་ཡིན། ཐན་ཆུའི་འདྲིས་སྦྱོར་དངོས་རྫས་ནི་འདྲིས་སྦྱོར་བྱེད་ཚད་ཀྱི་ཆ་ནས་རྟགས(རྟགས་རྐྱང་དང་རྟགས་ཟུང་། རྒྱུ་མང་ཕྲུན)དང་དཀོན་རྟགས། རྟགས་མང(སིང་ཕྱེ་དང་སིང་ཕྱེ་མ་ཡིན་པ)བཅས་སུ་དབྱེ་ཡོད། བཟའ་བཅའི་ནང་གི་སིང་ཕྱེ་ནི་མིའི་རིགས་ཀྱི་ལུས་ཁམས་འགུལ་སྐྱོད་ལ་མཁོ་བའི་ནུས་ཚད་ཀྱི་འབྱུང་ཁུངས་གཙོ་བོ་ཡིན། སིང་ཕྱེ་ནི་ལི་གྲོའི་འབྲུ་གུའི་ཁྲོད་ཀྱི་ཐན་ཆུའི་འདྲིས་སྦྱོར་དངོས་རྫས་གཙོ་བོ་ཡིན་པ་དང་། འདུས་ཚད60%ཟིན།

4. ཚིལ་སྐྱུར།

ལི་གྲོའི་འབྲུ་རྫོག་ནང་དུ། ཚིལ་རིགས་ཀྱི་གྲུབ་ཆའི་འདུས་ཚད1.8%~9.5%ཡིན་པ་དང་ཆ་སྙོམས5.0%~7.2%ཡིན། སྣུམ་སྐྱུར་འདུས་ཚད24.8%ཡིན། སྣུམ་སྐྱུར་ཕལ་བའི་འདུས་ཚད52.3%ཟིན། འབྲིང་གཤིས་ཚིལ་རིགས་ཀྱི་འདུས་ཚད་ཆེས་མཐོ་ལ། ཀུན་སྣུམ་སན་སྐྱུར་ཞག་འདུས་ཚད50%ཡན་དང་ཀུན་སྣུམ་སྐྱུར་གཉིས་ཞག་འདུས་ཚད20%ཟིན། ས་བོན་དང་སོན་ཤུན་གྱི་ལོགས་སུ་ལུས་པའི་ཨན་གཞི་སྐྱུར་གྱི་འདུས་ཚད་མཐོ་ཞིང་། སོ་སོར་ཚིལ་རིགས་སྤྱིའི་འདུས་ཚད་ཀྱི18.9%དང15.4%ཟིན། ལི་གྲོའི་སྣུམ་གྱི་གྲུབ་ཚུལ་ནི་མ་རྫོས་ལོ་ཏོག་གི་སྣུམ་དང་སྲན་སྣུམ་དང་འདྲ་ཞིང་། ལི་གྲོ་ནི་མཛོན་མེད་རིན་ཐང་ལྡན་པའི་སྣུམ་རྒྱུ་བྱས་ནས་བེད་སྤྱོད་བྱེད་བཞིན་ཡོད།

ཚིལ་སྐྱུར་ནི་ཚིལ་རིགས་ཀྱི་དངོས་པོ་གཙོ་བོ་ཡིན་ལ། འདི་ནི་མིའི་ལུས་ཁམས་ཀྱི་ནུས་ཚད་དང་སྙིང་ཚབ་གསར་བྱེད་དང་གྲུབ་ཚུལ་གྱི་གྲུང་གཤིས་བཅས་ལ་ངེས་པར་དུ་མཁོ་བའི་འཚོ་བཅུད་ཀྱི་གྲུབ་ཆ་ཡིན། མིའི་ལུས་ཕུང་གིས་ཚང་མར་མཁོ་བའི་ཚིལ་སྐྱུར་བཟོ་མི་ཐུབ། ཁ་ཤས་ཤིག་ནི་ངེས་པར་དུ་ཟ་མའི་ཁྲོད་ནས་ཐོབ་དགོས་པའི་ཚིལ་སྐྱུར་ཡིན་ཞིང་འདི་ལ་ངེས་པར་དུ་མཁོ་བའི་ཚིལ་སྐྱུར་ཟེར། ལི་གྲོའི་ས་བོན་ཁྲོད་ཀྱི་ཚིལ་སྐྱུར་མང་ཆེ་བ་ནི་ངེས་པར་དུ་མཁོ་བའི་ཚིལ་སྐྱུར་ཡིན་པར་མ་ཟད། ཚད་མི་ལོངས་པའི་ཚིལ་སྐྱུར་མང་པོའང་འདུས་ཡོད། དེའི་འཁོར་ཚད་མི་ལོངས་པ་རྐྱང་མའི་ཚིལ་སྐྱུར་དང་ཚད་ལོངས་ཚིལ་སྐྱུར་ཡིན།

5. གཏེར་རྒྱུའི་གཞི་རྒྱུ།

ལི་གྲོའི་ཀྲུང་ཙ(ཧྥོ་ཁེ664/ཁེ100)དང་ལིན(ཧྥོ་ཁེ468/ཁེ100) ཀལ(ཧྥོ་ཁེ926/ཁེ100) ལྕགས(ཧྥོ་ཁེ5.5/ཁེ100) ཏི་ཚ(ཧྥོ་ཁེ2.9/ཁེ100) ཟངས(ཧྥོ་ཁེ0.6/ཁེ100) མའེ(ཧྥོ་ཁེ197/ཁེ100) སེ(ཧྥོ་ཁེ0.028/ཁེ100)སོགས་གཏེར་རྒྱུ་མང་པོའི་

འདུས་ཚད་ནི་སྤྱིར་བཏང་གི་འབྲུ་རིགས་ལས་མཐོ་མོད། འོན་ཀྱང་རྒྱལ་དང་ཞ། ཁིར་སོགས་གཉོད་ལྡན་གཞི་རྒྱུ་འདུས་ཚད་ཏ་ཙང་དམའ། ལི་གྲོ་ཁེ100ཡིས་བྱིས་པ་དམར་འབྱར་དང་དར་མའི་ཉིན་རེའི་གཉེར་རྒྱུའི་གཞི་རྒྱུ་ལྷུགས་དང་མའི་ཡི་དགོས་མཁོ་སྐོང་ཐུབ་པ་དང་། ལིན་དང་ཏི་ཚ་འདུས་ཚད་ཀྱིས་བྱིས་པའི་ཉིན་རེའི་དགོས་མཁོ་སྐོང་ཐུབ། ལྀན་དང་ཙྪ་གཞི་རྒྱུ་ནི་སྐྱེ་རྩའི་སྨྱུ་གུའི་ཁྲོད་དུ་འདུས་ལ། ཀལ་དང་སྤྱིན་རྫས་མཉམ་དུ་འདྲེས་ནས་ཤིང་ཏོག་གི་ཤུན་ལྤགས་ཁྲོད་དུ་འདུས་ཡོད། ལི་གྲོའི་རིགས་མི་འདྲ་བའི་གཉེར་རྒྱུ་འདུས་ཚད་ལ་ཁྱད་པར་ཆེན་པོ་ཡོད་ཅིང་། གཉེར་རྒྱུའི་འདུས་ཚད་ནི་འབྲས་བུ་སྨིན་ཚད་དང་རིགས་སྣ། ས་རྒྱུ། ཞིང་སྨན། ཉི་འོད་འཕྲོ་ཚད། དྲོད་ཚད། ཆར་ཆུ་འབབ་ཚད་བཅས་དང་འབྲེལ་བ་ཡོད།

ལི་གྲོའི་ནང་དུ་གཉེར་རྒྱུ་ཕུན་སུམ་ཚོགས་པོ་འདུས་ཡོད་དེ། སོན་དང་ཙྪ། ཀལ། མའེ། ལིན། ལྷུགས་བཅས་ཀྱི་ཕྲུས་ཚད་ཀྱི་སྐར་གྲངས་ནི་སྤོལ་རྒྱུན་གྱི་འབྲུ་རིགས་ལས་ཏ་ཙང་མཐོ། གཉེར་རྒྱུས་མིའི་ལུས་ཁམས་ཀྱི་བྱེད་ནུས་ལ་ནུས་པ་གལ་ཆེན་ཐོན་བཞིན་ཡོད་ཅིང་། འདི་ནི་སོ་དང་རུས་པ། ཤ་གནད། མཉེན་པའི་ཕུང་གྲུབ་དང་ཁྲག་རྒྱུན། དབང་རྩའི་ཕྲ་ཕུང་བཅས་ཀྱི་གྲུབ་ཆ་གལ་ཆེན་ཞིག་ཡིན། སློག་ཚོར་ཟུང་སྦྱོར་སོགས་ཀྱིས་ཧུལ་མཚུངས་པའི་གཟུགས་ཀྱི་འཕྲོ་གཏོང་འོད་རིམ་གྱིས་ཚད་ལེན་ཚོད་ལྟ་བྱས་པ་ལྟར་ན། ལི་གྲོའི་ནང་དུ་གཉེར་རྒྱུ་མང་པོ་འདུས་ཡོད་པ་དང་། ས་བོན་གྱི་ནང་གི་ཙྪ་འདུས་ཚད་ཆེས་མཐོ་ལ། དེའི་འཁོར་མའི་དང་ཀལ། ཏི་ཚ་བཅས་དང་། དེ་བཞིན་དུ་སྣན་དང་ལྷུགས། ནྣ་བཅས་ཀྱི་འདུས་ཚད་ཆེས་དམའ་མོ་ཡིན། གཞན་ཡང་ལྷུགས་དང་ནྣ་ཡི་འདུས་ཚད་ནི་ལས་སྟོན་བྱས་པའི་ལི་གྲོའི་ས་བོན་ཁྲོད་དུ་འཕར་སྟོན་མངོན་གསལ་བྱུང་ཡོད་ལ། ཀལ་དང་ཙྪ། མའེ། ལིན་བཅས་ཀྱི་འདུས་ཚད་མངོན་གསལ་གྱིས་ཇེ་ཉུང་དུ་སོང་ཡོད། ལས་སྟོན་བྱས་རྗེས་ཀྱི་ས་བོན་ཁྲོད་དུ་གཉེར་རྒྱུ་ཇེ་ཉུང་དུ་སོང་བ་ནི་དྲོད་ཚད་མཐོ་བའི་ལས་སྟོན་བརྒྱུད་

རིམ་ཁྲིད་དུ་ཆལ་ཀམ་དང་གཏེར་རྒྱ་ཕན་ཚུན་བར་དུ་ནུས་པ་ཐོན་པའམ་ཡང་ན་ཚད་འུང་མ་རྒྱ་ཁ་ཤས་སྦྲ་ཕུང་གི་བར་གསེང་དུ་འཛུལ་བས་རྐྱེན་ཡིན།

6. སྨན་རིགས་ཀྱི་འདྲེས་འགྱུར་རྫས།

ལི་གྲོ་ལ་རྩི་ཤིང་མང་པོའི་སྙིང་དུ་འདུས་པའི་འདྲེས་འགྱུར་རྫས་དང་། འདིའི་ཁྲོད་དུ་མ་མཐར་ཡང་སྨན་རིགས23ཀྱི་འདྲེས་འགྱུར་རྫས་ལོགས་སུ་ལུས་པའམ་ཆ་མཚུངས་ཀྱི་རྣམ་པའི་ཐོག་ཏུ་གནས་ཡོད། ལི་གྲོའི་ནང་དུ་སྨན་རིགས་ཀྱི་འདྲེས་འགྱུར་རྫས་མང་པོ་འདུས་ཡོད་ཅིང་། ལྷག་པར་དུ་ཧོང་ཐུང་རིགས་ཀྱི་འདྲེས་འགྱུར་རྫས་ནི་སྨན་རིགས་ཀྱི་འདྲེས་འགྱུར་རྫས་ཕྱུས་དག་བླངས་པ་ཡིན། ལི་གྲོ་ཁྲོད་ཀྱི་ཕོ་ཤུན་རྒྱ་དང་ཧྲན་ནའི་སྨན་གྱི་འདུས་ཚད་ཆེས་མང་ཞིང་། སྨན་མང་ལ་སྐྱེ་དངོས་ཀྱི་གྲུང་གཤིས་ལྡན་ལ། འདི་ནི་སྐྱེ་དངོས་ཀྱི་སྐྱེ་འཕེལ་རང་བཞིན་གྱི་རྙིང་ཚབ་གསར་བྱེད་ཀྱི་ཐོན་དངོས་ཡིན་ཞིང་། རྩི་ཤིང་གི་སྐྱེ་ཁུངས་རང་བཞིན་གྱི་ཟས་རིགས་ཁྲོད་ནས་རྒྱ་ཁྱབ་ཏུ་གནས་ཡོད། སྨན་མང་ལ་དབྱེ་ན་གཙོ་བོར་ཧོང་ཐོན་དང་སྨན་སྐྱུར། བྱི་ཛའི་རྒྱུ་བཅས་ཡོད། ཕེ་ཏུ་ནས་ཐོན་པའི་ཚོན་ཁྲ་ཅན་གྱི་ལི་གྲོ་ནི་འཚོ་བཅུད་ཕུན་སུམ་ཚོགས་པའི་རང་བྱུང་བཟའ་བཅའ་ཞིག་ཡིན། འདིའི་ནང་དུ་འབྲུམས་ཀྱིས་སྨན་རིགས་ཀྱི་འདྲེས་འགྱུར་རྫས་མང་པོ་འདུ་ཞིང་། སྨན་རིགས་ཀྱི་འདྲེས་འགྱུར་རྫས་དང་མདངར་ཚལ་གྱི་བུལ་ལ་འདྲེས་ཡོད་པས། འབྲུ་རིགས་དང་བསྡུར་ན་དབྱུང་འགྱུར་འགོག་པའི་ནུས་པ་ཆེན་པོ་ལྡན། ལི་གྲོ་ཕྱེའི་ནང་གི་སྨན་རིགས་ཀྱི་འདུས་ཚད་ནི་འབྲུ་རིགས་དང་སྲན་མའི་རིགས་ལས་མང་ཞིང་། སྨན་རིགས་ཀྱི་འདུས་ཚད་དངFRAP ORACགྲུང་གཤིས་ཚང་མར་ཚད་མཐོའི་ཕན་ཚུན་འབྲེལ་བ་ཡོད།

གནས་ཚུལ་སྤྱིལ་བར་གཞིགས་ན། ཧོང་ཐུང་རིགས་ཀྱི་འདྲེས་འགྱུར་རྫས་ནི་རྒྱུན་དུ་ཧོང་ཐུང་ཀེན་གྱི་རྣམ་པའི་སྙིང་ནས་ལི་ཚན་གྱི་རྩི་ཤིང་ཁྲོད་དུ་གནས་ཡོད་

པ་དང་། ལི་གྲོའི་ནང་དུ་ཧོང་ཀེན་རིགས་ཀྱི་འདྲེས་འགྱུར་རྫས་ཕུན་སུམ་ཚོགས་པ་འདུས་ཡོད། འདིའི་ནང་དུ་ཐང་ཀེན་རྒྱུ་དང་ཕྱི་བ་ཐ་དད་ལི་རྒྱུ། ཧྲན་ནའི་རྒྱུན་གྱི་ཀམ་རྒྱུ་དང་དེ་བཞིན་ནྲགས་རྒྱང་སྲིལ་མཐུད་བྱས་ནསC–3གནས་སུ་ཡོད་པའི་མངར་ཆ་གཉིས་དང་མངར་ཚ་གསུམ་གྱི་དངོས་རྫས་འདུས་ཡོད།

7. ནྲགས་མང་།

ལི་གྲོ་ལ་ཚི་སྣུའི་རྒྱུ་དང་སིང་ཕྱེ་སོགས་ནྲགས་མང་ཡོད། ལི་གྲོའི་ས་བོན་ཁྲོད་ཀྱི་ཞུ་རུང་བའི་ནྲགས་ཀྱི་འདུས་ཚད་ནི15.8%དང་ཏུན་འབྲུམ་ནྲགས་ཀྱི་འདུས་ཚད་ནི4.55%ཡིན། ཤིང་འབྲས་ཀྱི་མངར་ཆའི་འདུས་ཚད་ནི2.41%དང་བུར་ཤིང་གི་འདུས་ཚད2.39%བཅས་ཡིན། འདིའི་ཁྲོད་དུ་ཨ་རབ་ཀ་རའི་བསྡུར་ཚད་མང་ཤོས་ཡིན་པ་དང་། ད་དུང་ཕྱི་བ་ལི་ནྲགས་དང་འོ་ནྲགས་ཕྱེད་ཙམ་ཡང་ཡོད། ནྲགས་ཕྲུན་སྐྱུར་གྱི་བསྡུར་ཚད་ནི4%~27%འདྲ་མིན་ཡིན།

8. གཞན་པའི་གྲུབ་ཆ།

ལི་གྲོའི་ནང་དུ་འཚོ་རྒྱུBདང་འཚོ་རྒྱུEདང་། ཚིལ་རྒྱུ། ཚད་མ་ལོངས་པའི་ཚིལ་སྐྱུར་སོགས་ཀྱི་ཕྱུས་ཚད་འདུས་གྲངས་ཀྱང་ཤིན་ཏུ་མཐོ་བ་དང་། འདིའི་ནང་དུ་ཚིལ་རྫས་ཀྱི་ཕྱུས་ཚད་འདུས་གྲངས་ནི་ སྤྱིར་བཏང་གི་འབྲུ་རིགས་ཀྱི་ལྷབ2~3ལ་སླེབས་ཡོད་པར་མ་ཟད། ཚིལ་ཕྱུས་ཀྱི་བརྟན་འཇགས་རང་བཞིན་ཤུང་མཐོན་པོ་ཡིན།

གཉིས། འཚོ་བཅུད་འགོག་པའི་གྲུབ་ཆ།

ཆལ་ཀམ་འཚོ་བཅུད་འགོག་པའི་དངོས་རྫས་ནི་བདེ་ཐང་ལ་ཤུགས་རྐྱེན་ཐེབས་པ་དང་། ཟས་རིགས་ཁྲོད་ཀྱི་འཚོ་བཅུད་ཀྱི་གྲུབ་ཆ་སྤྱོད་ལེན་བྱེད་པར་བཀག་འགོག་བྱེད་པའི་འདྲེས་འགྱུར་རྫས་རིགས་ལ་ཟེར། ལི་གྲོའི་ནང་དུའང་འཚོ་བཅུད་འགོག་པའི་དངོས་རྫས་འདུས་ཡོད་དེ། དཔེར་ན། ཆལ་ཀམ(20%~30%)

ལྷ་བུ། ཞིབ་འཇུག་ལས་མངོན་གསལ་ལྟར་ན། ལི་གྲོའི་ལོ་མ་དང་མེ་ཏོག འབྲས་བུ། ས་བོན། སོན་ཤུན་བཅས་ཀྱི་ནང་དུ་ཐེར་གསུམ་རིགས་ཀྱི་ཆལ་ཀམ་འདུས་པར་མ་ཟད། ཆལ་ཀམ་འདུས་ཚད་ལི་གྲོའི་རིགས་སྣ་དང་འདེབས་འཛུགས་ཁོར་ཡུག་མི་འདྲ་བའི་དབང་གིས་སོ་སོར་ཁྱད་པར་ཡོད་པ་དང་། སྤྱིའི་འདུས་ཚད་ཀྱི་འགྱུར་ལྡོག་ཁྱབ་ཁོངས་ནི་སྐམ་ཟས་ཀྱི0.01%~4.65%ཡིན།

ལི་གྲོའི་ཁྲོད་དུ་ཐེར་གསུམ་རིགས་ཀྱི་ཆལ་ཀམ་རིགས་མང་པོ་འདྲེས་ཡོད་ཅིང་། དེའི་ནང་གི་ཀམ་རྒྱུ་གཙོ་བོ་ནི་ཆེ་ཏུན་འབྲས་སྐྱུར་གྱི་འདུས་རྟལ་རྒྱང་གྲུབ་ཀྱི་མངར་ཆའི་རིགས་ཀྱི་ཕྲེང་ཅན་ཆལ་ཀམ་དང་། འདུས་རྟལ་གཉིས་གྲུབ་ཀྱི་མངར་ཆའི་རིགས་ཀྱི་ཕྲེང་ཅན་ཆལ་ཀམ། རྒྱུན་ལྡང་སྦ་ཀམ་རྒྱུ་དང་སྐམ་སྐྱུར་བཅས་ཡོད། གར་ཚད་མཐོ་བའི་ལི་གྲོ་ཆལ་ཀམ་ཞུ་ཁུ་ཡིས་ཕྲ་ཕུང་སྣ་ཚོགས་དང་ཐ་ན་སྲོག་ཆགས་ཀྱི་ཕྲ་ཕུང་། འབུ་ཕྲ། རྣམ་སྲིན་སོགས་ཐོར་ཞིག་ཏུ་གཏོང་ཐུབ། ལི་གྲོའི་སོན་ཤུན་གྱི་ཆལ་ཀམ་ལ་འབུ་ཕྲ་འགོག་པའི་ཤུགས་ཤིན་ཡོད་པ་དང་། ལྷའི་ཁའོ50/ཧོ་ཧྲིན་གྱི་ལི་གྲོའི་ཆལ་ཀམ་ཁྲོད་དུ་བཏོན་པའི་གཤེར་ཁུ་ཡིས་ཕྲེང་སྣར་དཀར་པོའི་འབུ་སྲིན་སྐྱེ་བར་བཀག་འགོག་བྱེད་ཐུབ།

ལི་གྲོའི་ཕྱི་ཤུན་ནང་དུ་ཆ་རྟལ་ཆེ་བའི་ཆལ་ཀམ་གྱི་མཆེད་སྐྱེས་སྐྱེ་དངོས་འདུས་ཡོད་པ་དང་། ལྷག་ཏུ་མང་བའི་ཆུ་ཐོར་རང་བཞིན་ལྡན་པར་མ་ཟད། ཏམ་ཊུལ་ནད་ཀྱི་འགོག་ནུས་ཀྱང་ཏ་ཅང་ཆེ། ལི་གྲོའི་ཆལ་ཀམ་ནི་རང་བྱུང་ཕྱི་དངོས་གྲུང་གཤིས་བྱེད་རྫས་ཤིག་ཡིན་པར་མ་ཟད། བདེ་བླག་དང་མི་སྐྱེར་གྱི་བདག་སྐྱོང་མཁོ་ཆས་ཁྲོད་དུ་གསར་སྤེལ་དང་བེད་སྤྱོད་ལེགས་པོ་བྱེད་བཞིན་ཡོད་པས། ཕོན་ཚང་ཟར་ཟེ་སྐྱུར་ཚྭ་བཅུ་གཉིས་དང་ཕོན་ཚང་གཉིས་ཟེ་སྐྱུར་ནྭ་སོགས་ཀྱི་ཕྱི་དངོས་གྲུང་གཤིས་རྫས་ཀྱི་ཚབ་ཡོངས་སུ་བྱེད་ཐུབ་ལ། དུས་མཚུངས་སུ་ལྦུ་བ་བརྟན་པ་དང་མང་འགྱུར་གྱི་བྱེད་ནུས་ལྡན། ལི་གྲོའི་ཁྲོད་ཀྱི་ཆལ་ཀལ་རྒྱུ་དངོས་ཀྱིས་སྐྱེ་དངོས་

ལ་སྐྱེ་དངོས་ཕྲ་རབ་འགོས་ནད་མི་འབྱུང་བ་དང་། སྐྱེ་དངོས་ཀྱི་སྐྱེ་ལྡན་ཐོན་སྐྱེད་དང་གསོག་ཉར་ལ་ཕན་པ་ཡོད། བྱལ་ཞུ་ཁུ་སྦྱད་དེ་ལི་གྲིའི་རིགས་ཀྱི་ཤུན་པགས་ཐག་གཙོད་བྱས་ཏེ། འདིའི་ཚལ་ཀམ་གྱི་དུང་འཁྱིལ་རང་བཞིན་ཇེ་མཐོར་གཏོང་བ་དང་། ཐག་གཙོད་བྱས་རྗེས་ཀྱི་འདུས་རྫུལ་རྐྱང་གྲུབ་ཀྱི་མངར་ཆའི་རིགས་ཀྱི་ཕྲེང་ཅན་ཚལ་ཀམ་གྱིས་ཐྲུ་རྫོའུ་དུང་གི་ཚོད་འགོག་གྲུང་གཤིས་ནི་འདུས་རྫུལ་གཉིས་གྲུབ་ཀྱི་མངར་ཆའི་རིགས་ཀྱི་ཕྲེང་ཅན་ཚལ་ཀམ་ལས་མཐོ་བ་ཡིན། ཚལ་ཀམ་རིགས་ཀྱི་དངོས་རྫས་ཀྱིས་ལི་གྲིའི་བྲོ་བར་ཤུགས་རྐྱེན་ཐེབས་པར་མ་ཟད། འཚོ་བཅུད་འགོག་པའི་རྒྱུ་གྲངས་གཙོ་བོ་ཡིན། དེ་བས། ལི་གྲོ་མ་ཟོས་སྔོན་དུ། ཆུས་ས་བོན་ཕྱི་ངོས་ཀྱི་ཚལ་ཀམ་རྒྱུའི་གྲུབ་ཆ་མེད་པར་བཟོ་དགོས། ཚལ་ཀམ་གྱི་ཞུ་ཁུ་ནི་སྨྲ་བཀྲུ་བྱེད་དུ་བཀོལ་ཆོག ལི་གྲིའི་ཕྱི་ཤུན་ནང་དུ་ཚལ་ཀམ་རྒྱུའི་གྲུབ་ཆ་ཤིན་ཏུ་མང་མོད། འོན་ཀྱང་ཐོན་རྫས་ཕལ་པ་འདི་རིགས་ཀྱི་ཚོང་ལས་རིན་ཐང་ལ་བབ་མཚུངས་ཀྱི་མཐོང་ཆེན་བྱས་མེད་དོ། །

ས་བཅད་གསུམ་པ། ལི་གྲོའི་བྱེད་ལས་ཁྱད་ཆོས།

གཅིག ཨོ་སྨུག་བཤལ་འགོག་ནུས་པ།

ཨོ་སྨུག་འཁྲུ་བཤལ་ནད་པར་རྒྱུན་དུ་ཏགས་རྒྱུའི་བཟའ་བཏུང་གི་ཚད་བཀག་མེད་པས། སྤྲི་དཀར་དང་བཟའ་བཅའི་ཚི་སྣུ། འཚོ་རྒྱུ་དང་གཏེར་རྒྱུ་འདང་ངེས་ཤིག་མ་ཟོས་ཚེ་འཚོ་བཅུད་ཀྱིས་མི་འདང་བའི་སྣང་ཚུལ་འབྱུང་ངེས་ཤིང་། ལི་གྲིའི་ནང་དུ་ཏགས་རྒྱུའི་སྤྲི་དཀར་མེད་མོད་འཚོ་བཅུད་མཐོ་བའི་གྲུབ་ཆ་ཡོད་པས། གསུམ་ཁོག་ནད་པས་དུས་ཡུན་རིང་པོར་ཏགས་རྒྱུ་མེད་པའི་ཟས་རིགས་ཟོས་ན་ནད་ཐོག་གཉན་ཚད་འབྱུང་བ་སྟེ། དཔེར་ན། ཉུས་སོབ་ནད་དང་ཁྲག་གིས་

མ་འདང་བ། འབྲས་སྐྲན་སོགས་སྔོན་འགོག་བྱེད་ཐུབ། འོ་མྱུག་འབྲུ་བཤལ་ནད་པར་ཉིན་རེར་ལི་གྲོ་ཁེ50ཟམ་སུ་མགོ་སྤྱོད་བྱས་ཏེ། གཟའ་འཁོར6ལ་རྒྱུན་བསྲིངས་ན་ནད་པའི་ཕོ་རྒྱུའི་གཞི་གྲངས་རྒྱུན་ལྡན་ཡིན་པ་དང་ནད་གཞི་ཇེ་སྡུག་ཏུ་འགྲོ་མི་སྲིད། ལི་གྲོར་ད་དུང་བསྡུན་ཤུགས་རང་བཞིན་ཏ་ཅང་བཟང་བའི་ཁྱད་ཆོས་ལྡན། ལི་གྲོའི་ནང་གི་ཁྲུན་ཞུས་ཀུའུ་སྐྱི་དཀར་གྱིས་ལི་གྲོའི་ཕུབ་ཤུན་གྱི་རྐྱེན་ལས་བྱུང་བའི་ཕོ་རྒྱུར་མི་འཁྲོད་པ་འགོག་པར་མ་ཟད། ད་དུང་རྒྱུ་ནད་ཅན་གྱི་རིམས་འགོག་ནུས་པ་སྣར་གསོ་བྱ་ཐུབ། དེ་བས། ལི་གྲོ་ནི་འོ་མྱུག་འབྲུ་བཤལ་ནད་པའི་སྲུས་ལེགས་འཚོ་བཅུད་ཀྱི་འབྱུང་ཁུངས་སུ་གྱུར་ཡོད། ཉེ་བའི་ལོ་འགའི་རིང་ལ། ལི་གྲོའི་ཕུབ་ཤུན་ཟས་རིགས་ཀྱི་ཞིབ་འཇུག་ལ་འང་ཀུན་གྱིས་དོ་ཁུར་དང་དགའ་བསུ་ཆེན་པོ་འཐོབ་བཞིན་ཡོད།

གཉིས། འབྲས་སྐྲན་ནད་དང་དབྱང་འགྱུར་ནད་འགོག་པའི་ནུས་པ།

མིའི་རིགས་ཀྱི་ཆ་སྙོམས་ཚེ་ཚད་ཇེ་རིང་དུ་སོང་བ་དང་བསྟུན་ནས། འབྲས་སྐྲན་གྱིས་མིའི་རིགས་ལ་ཐེབས་པའི་འཇིགས་སྣང་ཡང་ཉིན་རེ་ནས་ཉིན་རེར་ཇེ་མཐོར་འགྲོ་བཞིན་ཡོད། ཚན་རིག་ཞིབ་འཇུག་ལས་ཤེས་གསལ་བྱུང་བ་ལྟར་ན། འབྲས་སྐྲན་ནད་དང་རྣམ་འགྱུར། ནད་རིགས་གཞན་དག་སོགས་ནི་རང་གྲུབ་གཞི་རྒྱུར་མང་དུ་བརྟེན་པ་དང་འབྲེལ་བ་ཡོད་པར་གསལ་བཤད་བྱས་ཡོད། འོན་ཀྱང་རྩི་ཤིང་ཁྲོད་ཀྱི་དབྱང་འགོག་སྐྱེལ་རྒྱུ་རྫས་རིགས་ཀྱིས་རང་གྲུབ་གཞི་རྒྱུར་གཙང་སེལ་དང་སོར་འཇོག་གིས་དབྱང་འགྱུར་སྐྱེལ་རྒྱུ་ཇེ་ཉུང་དུ་གཏོང་ཐུབ། ཞིབ་འཇུག་ལས་ཤེས་གསལ་ལྟར་ན། རྫས་མང་འདུས་འདྲེས་རྫས་ནི་ལུས་ཁམས་ཀྱི་ཁྱད་ཆོས་མང་པོ་ཞིག་ལ་ཕན་ཏེ། འདིར་འབུ་སྲ་དང་དབྱང་འགྱུར། གཉན་ཚད། སྐྲན་ནད་དང་འབྲས་སྐྲན་སོགས་སྔོན་འགོག་གི་བྱེད་ནུས་ལྡན། བརྟག་དཔྱད་བྱས་པ་ལས་ཤེས་གསལ་ལྟར་ན། འབྲས་སྐྲན་ནད་བྱུང་བ་ནི་ཁོར་ཡུག་གི་རྒྱུ་རྐྱེན་དང་འཚོ་

བ་རྩོལ་སྐྱངས། འཚོ་བཅུད་ཀྱི་རྒྱུ་རྐྱེན་བཅས་ལ་འབྲེལ་བ་དམ་པོ་ཡོད། ལི་གྲོ་ལ་སྨན་རིགས་ཀྱི་འདྲེས་འགྱུར་རྫས་མོད་པོ་ཡོད་པར་མ་ཟད། དུས་ཡུན་རིང་པོར་ཁ་ཟས་སུ་ལོངས་སྤྱོད་བྱས་ཆོག་པའི་མདོན་མེད་བཟའ་བཅའི་རིགས་སུ་ངོས་འཛིན་བྱས་ཡོད་ལ། བཟའ་བཅའི་ཁྲོད་དུ་ལི་གྲོ་ཡོད་པའི་ཟས་རིགས་ཀྱིས་ཁྲག་སྐྱ་དང་དབྱང་འགོག་སྐྱལ་རྒྱུའི་ཤུགས་རྐྱེན་ལ་དབྱེ་ཞིབ་བྱས་པ་བརྒྱུད་ནས། ལི་གྲོ་ཡིས་ཁྲག་སྐྱའི་དྭངས་གཉིས་ག་བ་དང་དབྱང་འགྱུར་ཚབས་ཀྱི་གསོན་ཤུགས་ཇེ་དམའ་རུ་བཏང་ནས་དབྱང་འགོག་ནུས་པ་ཇེ་མཐོར་གཏོང་ཐུབ། དེ་བས། ལི་གྲོ་ནི་རང་བྱུང་གིས་གྲུབ་པའི་དབྱང་འགོག་སྐྱལ་རྒྱུའི་འབྱུང་ཁུངས་གཙོ་བོ་ཞིག་ཏུ་བརྩིས་ཆོག་གོ །

གསུམ། ཁྲག་ཞག་དང་ཁྲག་རིད། ཁྲག་རྟགས་མཐོ་བ་བཅས་སྔོན་འགོག་བྱེད་ཐུབ།

མི་རྣམས་ཀྱི་འཚོ་བའི་ཆུ་ཚད་ཉིན་རེ་བཞིན་ཇེ་མཐོར་སོང་བ་དང་བསྟུན་ནས། "མཐོ་གསུམ་ནད"ཀྱི་འབྱུང་ཚད་ཀྱང་མངོན་གསལ་གྱིས་ཇེ་མཐོར་འགྲོ་བཞིན་ཡོད། "མཐོ་གསུམ་ནད"དང་བཟའ་བཅའ་ལུགས་མཐུན་མིན་པའི་བར་ལ་འབྲེལ་བ་དམ་པོ་ཡོད་དེ། དཔེར་ན། ཚྭ་མང་པོ་དང་མངར་འབོར་ཆེན་ཟ་བ། ཡང་ན་མིའི་ལུས་ཁམས་ལ་མཁོ་གལ་ཆེ་བའི་ཚིལ་ཞག་དང་སྤྲུར་སོགས་ཚད་ལས་བརྒལ་བས"མཐོ་གསུམ་ནད"སློང་བ་ལྟ་བུ་ཡིན། ལི་གྲོའི་ སྤྲི་དཀར་ལ་ཨན་ཅི་སྤྲུར་གྱི་འདུས་ཚད་དོ་མཉམ་ཡིན་པས། ལུས་པོའི་ཚིལ་ཞག་གི་སྙིང་ཚབ་གསར་བརྗེས་སྙོམ་སྒྲིག་བྱེད་ཐུབ་ལ། དེ་མིན་ད་དུང་ཁྲག་ཞག་ཇེ་དམའ་རུ་གཏོང་བའི་ནུས་པ་ལྡན། W–3ཚིལ་སྤྲུར་ལ་ཁྲག་ཞག་ཇེ་དམའ་རུ་གཏོང་བ་དང་ཁྲག་རྩ་ལྷོད་གཏོང་གི་ཁྱད་ཆོས་ལྡན། དེང་རབས་བཟའ་བཏུང་ལW–3ཚིལ་སྤྲུར་དཀོན་མོད། ཡིན་ཡང་ལི་གྲོའི་ཚིལ་སྤྲུར་གྱི་གྲུབ་ཆའི་ཁྲོད་དུW–3མངོན་གསལ་གྱིས་གྲུབ་ཡོད་ལ། ལི་གྲོའི་སྟམ་ཚིལ་ཁྲོད་དུ་ཚིལ་སྤྲུར་གྱིས་ཟིན་པའི་བསྡུར་ཚད་ཏ་ཅང་མཐོ། དེར་མ་ཟད་ལི་

གྲོའི་ནང་དུ་ཀུ་དང་རྨེ་སོགས་གཏེར་རྒྱུ་འདུས་པས། བཟའ་བཅའི་གྲུབ་ཚུལ་ལེགས་སྒྱུར་དང་ཁྲག་ཤེད་ཇེ་དམའ་རུ་གཏོང་ཐུབ།

ལི་གྲོའི་རྩི་ཤིང་གི་ཅོ་ཁྲུན་ལ་ཞིབ་འཇུག་བརྒྱུད་ནས། འདིའི་ནང་དུ་ཙུང་མཐོ་བའི་ཀུའུ་ཆོ་ཁྲུན་དང་ཚལ་སྨུམ་ཆོ་ཁྲུན། སྨན་མའི་ཅོ་ཁྲུན་བཅས་འདུས་པ་ཤེས་རྟོགས་བྱུང་ཡོད། རྒྱལ་ཁབ་ཕྱི་ནང་གི་ཆེད་མཁས་པ་མང་པོ་ཞིག་གིས་བཟའ་བཅའི་ཁྲོད་རྩི་ཤིང་གི་ཅོ་ཁྲུན་བསྣན་ན། དྭངས་ཁྲག་ཁྲོད་ཀྱི་མཁྲིས་རྒྱུ་གཤེར་རྩི་ཚོད་འཛིན་བྱེད་ཐུབ་པས་སྙིང་ཁམས་དབང་རྩའི་རིམས་ནད་ཀྱི་ཉེན་ཁ་ཇེ་ཆུང་དུ་གཏོང་རྒྱུར་སྟོན་དཔག་བྱ་ཐབས་ནུས་ལྡན་ཐོན་པར་ངོས་འཛིན་བྱས་ཡོད། ལི་གྲོ་ནི་ཤིང་མངར་དང་རྒྱུན་འབྲུམ་མངར་ཆ་དམའ་བའི་གཞི་གྲངས་ཅན་གྱི་ཟས་རིགས་ཤིག་ཡིན་པས། ལི་གྲོ་ཟོས་རྗེས་ཁྲག་རྟགས་མངོན་གསལ་གྱིས་ཇེ་མཐོར་འགྲོ་མི་སྲིད། མི་ལུས་ཀྱི་རྟགས་ཚོལ་རྙིང་ཚབ་གསར་བརྗེས་བྱེད་པར་ཕན་ནུས་ངེས་ཅན་ཐོན་ཐུབ་པས། ལི་གྲོ་ནི་གཅིན་མངར་ནད་པའི་བཟའ་ཆས་གཙོ་བོའང་ཡིན།

བཞི། ཚོ་བྱང་བ་དང་ཟས་འཇུ་བའི་བྱེད་ནུས་ལྡན།

རྒྱུན་ལྡན་གྱི་བཟའ་བཏུང་ཁྲོད་དུ་འབྲུ་རིགས་ནི་བཟའ་བཅའི་ཚོ་སྣའི་འབྱུང་ཁུངས་གཙོ་བོ་ཞིག་ཡིན། “ཕྱུས་ལེགས་རྩེར་སོན་འབྲུ་རིགས”ཡིན་པའི་ལི་གྲོ་ནི་བཟའ་བཅའི་ཚོ་སྣ་སྤྲོད་ལེན་བྱེད་པའི་ཟས་རིགས་ཀྱི་རྒྱུ་ཆ་ལེགས་པོ་ཞིག་ཡིན། ལི་གྲོའི་ཁྲོད་དུ་བཟའ་བཅའི་ཚོ་སྣའི་སྤྱིའི་འདུས་ཚད་ནི10%ཡིན་པ་དང་། ལི་གྲོའི་ཁྲོད་ཀྱི་བཟའ་བཅའི་ཚོ་སྣ་ནི་ཤིང་འདུས་མངར་ཆ་དང་ཤིང་མངར་ལས་གྲུབ་པས། འདི་ནི་ཆུའི་འདུས་ཚད་མེད་པའི་སྐྱེ་དངོས་ཀྱི་གྲུབ་ཆ་ཆེན་པོ་ཞིག་སྟེ་བརྟན་ལེན་ནུས་པ་བཟང་། གཅིག་ནས་བཟའ་བཅའི་ཚོ་སྣ་ནི་རྒྱུ་ལོང་ཁྲོད་དུ་སྤོས་ནས་འཕྱར་བག་ཆེ་བའི་བཞུ་སྦྱིན་དང་སྲ་སྦྱིན་དུ་གྲུབ་ལ། རྒྱུ་མའི་ནང་གི་དངོས་པོའི་བོངས་ཚད་དང་ཤོང་ཚད། འཕྱར་བག་ཚད་ཇེ་ཆེར་བཏང་སྟེ། མིའི་ལུས་ཁམས་ཀྱིས་སིང་ཕྱེ་དང་སྙི་

དཀར་རྫས། ཚིལ་བཅས་འཇུ་ལེན་བྱེད་ཚད་ཇེ་དམའ་རུ་གཏོང་བ་དང་། མཇུག་མཐར་འཚོ་བཅུད་སྡུད་ལེན་བྱེད་ཚད་ཇེ་དམའ་རུ་གཏོང་བའི་དམིགས་འབེན་འགྲུབ་ངེས། གཉིས་ནས་བཟའ་བཅའི་ཚོ་སྣའི་ཚ་ཚད་དམའ་བ་དང་རྒྱགས་སྣ་པས། ཉུང་ཙམ་ཟོས་ན་ལུས་པོའི་ནང་གི་ཚིལ་ཞག་ཟད་ནས་ཚོ་བྱང་དུ་འཇུག་པའི་བྱེད་ནུས་ཐོན་ཐུབ། གསུམ་ནས་བཟའ་བཅའི་ཚོ་སྣ་གང་ངེས་རྒྱུ་མའི་ནང་གི་གནོད་ལྡན་དངོས་པོ་སྡུད་ལེན་ཐུབ་པར་མ་ཟད། མགྱོགས་མྱུར་ངང་ཕྱིར་གཏོང་བྱ་ཐུབ། ད་དུང་རྒྱུ་མའི་ནང་གི་ཕན་ལྡན་འབུ་ཕྲ་སྐྱེ་འཕེལ་དང་རྒྱུ་ལོང་གི་འབུ་ཕྲའི་གྲུབ་ཚུལ་ཇེ་ལེགས་སུ་གཏོང་བ། ཕོ་བའི་འཇུ་བྱེད་ལ་སྐུལ་འདེད་བཅས་གཏོང་ཐུབ་པས། མི་ཚོན་པོ་དང་རྒྱུ་མའི་འབྲས་སྐྲན་སོགས་དལ་བའི་རང་བཞིན་གྱི་ནད་རིགས་ལ་སྔོན་འགོག་གི་ནུས་པ་ཐོན་ཐུབ། ལི་གྲོའི་ནང་གི་ངེས་ཚད་རང་བཞིན་གྱིས་ཨན་གཞི་སྐྱུར43གྱིས་ཐིད་མང་པོ་ཐྣངས་ཡོད་པས། སྐྲན་ནད་སྔོན་འགོག་དང་སྨན་བཅོས། དེ་བཞིན་སྙིང་ཁྲག་དབང་རྩའི་ནད་གཞི་དང་གཉན་ནད་རང་བཞིན་གྱི་ནད་རིགས་སོགས་ཀྱི་སྔོན་འགོག་ཐད་ནས་རིན་ཐང་མི་མངོན་པ་ལྡན།

ལྔ། འཚོ་བཅུད་འཕྲུས་ཚང་དང་བདེ་སྲུང་གི་ཕན་ནུས།

ལི་གྲོ་ནི་མཉམ་འབྲེལ་རྒྱལ་ཚོགས་འབྲུ་རིགས་དང་ཞིང་ལས་རྩ་འཛུགས(FAO)ཀྱིས་མིའི་རིགས་ལ་འཚམ་ཤོས་ཀྱི“འཚོ་བཅུད་འཕྲུས་ཚང་ལྡན་པའི་བཟའ་བཅའ”རུ་ངོས་སྦྱོར་བྱས་ཡོད་ཅིང་། ལི་གྲོ་ལ་འཚོ་བཅུད་དང་བདེ་ཐང་གི་ཐད་ནས་འབྲུ་རིགས་གཞན་དག་དང་བསྡུར་ན་ལེགས་ཆ་མངོན་གསལ་དོད་པོ་ལྡན་ཡོད་པས། རྒྱལ་སྤྱིའི་འཚོ་བཅུད་རིག་པའི་མཁས་དབང་རྣམས་ཀྱིས“འཚོ་བཅུད་གསེར་མདོག་ཅན”ཞེས་བསྔགས་བརྗོད་བྱེད་བཞིན་ཡོད། བཟའ་བཅའི་འབྲུ་རིགས་ཁྲོད་ཀྱི་ལའི་ཨེམ་སྐྱུར་གྱི་འདུས་ཚད་ཧ་ཅང་དམའ་བས། ལའི་ཨེམ་སྐྱུར་ལ་ཚོད་འཛིན་རང་བཞིན་གྱི་ཨན་གཞི་སྐྱུར་དང་པོ་ཞེས་འབོད་སོད། འོན་ཀྱང་ལའི་ཨེམ་སྐྱུར་གྱིས་

མིའི་ལུས་ཕུང་གི་འཚར་སྐྱེ་ལ་སྐུལ་འདེད་དང་རིམས་འགོག་ནུས་པ་ཇེ་ཆེར་གཏོང་ཐུབ་པས། ཁྱིས་པར་མཚོན་ན་དུས་ཡུན་རིང་པོར་མེད་དུ་མི་རུང་བའི་འཚོ་བཅུད་ཅིག་ཡིན་ཞིང་། ལི་གྲོ་ཡིས་ཏག་ཏག་དགོས་མཁོ་འདི་སྐོང་ཐུབ། དུས་མཚུངས་སུ། ཞིབ་འཇུག་པས་ལི་གྲོའི་ཁྲོད་དུ་ཀལ་གྱི་གཞི་རྒྱུ་ཕུན་སུམ་ཚོགས་པ་རྙེད་ཡོད་པ་དང་། ལའེ་ཨན་སྐྱུར་གྱིས་མིའི་ལུས་ཀྱི་ཀལ་སྡུད་ལེན་དང་བརྒྱུད་འདྲེན་བྱེད་པར་སྐུལ་འདེད་བྱེད་ཐུབ་པས། དུས་ཡུན་རིང་པོར་ལི་གྲོ་ཟོས་ན་ཀྱང་གོའི་བཟའ་བཏུང་སྒྲིག་གཞིའི་ཁྲོད་དུ་ལའེ་ཨན་སྐྱུར་གྱི་མི་འདང་བའི་ནད་ལ་བཅོས་སྐྱོང་གི་ཕན་ནུས་ལྡན་པར་མ་ཟད། ད་དུང་རུས་པར་འགེབ་སྲུང་དང་རུས་པའི་སོབ་འགྱུར་སྔོན་འགོག་བྱེད་ཐུབ། འབྲུ་རིགས་ནི་དཀར་ཟས་རིང་ལུགས་པར་མཚོན་ན་སྙི་དཀར་གྱི་འབྱུང་ཁུངས་ལེགས་པོ་ཞིག་ཡིན་པས། རིགས་མི་འདྲ་བའི་ལི་གྲོའི་ཁྲོད་ཀྱི་སྙི་དཀར་གྱི་འདུས་ཚད་ནི13.1%~21.9%ཡིན། ལི་གྲོའི་སྙི་དཀར་གྱི་འདུས་ཚད་དང་སྤུས་ཚད་ནི་ཚད་ངེས་ཅན་ཞིག་གི་སྟེང་ནས་ཞག་མེད་འོ་མ་དང་ཤ་སྣུག་ལས་ལེགས། དེ་བས། དཀར་ཟས་རིང་ལུགས་པའི་སྙི་དཀར་སྡུད་ལེན་ཁྲོད་ཤིན་ཏུ་འཚམ་པའི་གདམ་གསེས་ཀྱང་ཡིན་ནོ། །

ས་བཅད་བཞི་པ། ལི་གྲོའི་སྐྱེ་འཕེལ་འཚར་ལོངས།

གཅིག ལི་གྲོའི་རྡོད་ཚད་དང་འོད་ལེན་རང་བཞིན།

ལི་གྲོ་ནི་ཉི་འོད་ཕོག་ཡུན་ཐུང་བའི་རྩི་ཤིང་ཡིན་ལ། འདིར་འོད་ཀྱི་ཕོག་ཡུན་དང་དྲོད་ཚད་ལ་ཚོར་ཤེས་སྐྱེན་པོ་ཡོད། དྲོད་ཚད་དམའ་བའི་ཆ་རྐྱེན་འོག་ཏུའང་སྨུ་གུ་འབུས་ཐུབ་པ་དང་། གཞུང་རྩའི་སྐྱེ་འཚར་གྱི་སྨུར་ཚད་ནི་དྲོད་ཚད་ཀྱི་མཐོ་དམའ་ལ་འབྲེལ་བ་དམ་པོ་ཡོད། མེ་ཏོག་བཞད་པའི་དུས་ནི་གྲོ་ཡི་སྙེ་མའི་ཐོན་

འཐོར་ཐག་གཅོད་བྱེད་པའི་དུས་སྐབས་གཙོ་བོའང་ཡིན། ཞིབ་འཇུག་ལས་མངོན་པ་ལྟར་ན། ལི་གྲོ་ཡི་མེ་ཏོག་ལ་འཇུམ་བུ་གྲོལ་བའི་དུས་སུ་དྲོད་ཚད་དམའ་མོར་ཚོར་ཤེས་སྐྱེན་པོ་ཡོད། མེ་ཏོག་བཞད་པའི་དུས་སུ་དྲོད་ཚད་དམའ་པོ་ཆུ་ཚོད2ལ་ཐོག་ཚེ། ལི་གྲོའི་ཐོན་འབབ66%ཙམ་མར་ཆགས་སྲིད།

གཉིས། ལི་གྲོའི་ཐན་འགོག་རང་བཞིན།

ཐན་པ་ནི་འཛམ་གླིང་གི་ཁྱབ་ཁོངས་སུ་ཞིང་ལས་འཕེལ་རྒྱས་ལ་ཆོད་འཛིན་བྱེད་པའི་རྒྱུ་རྐྱེན་གཙོ་བོ་དང་། ལོ་ཏོག་གི་ཐོན་འབོར་ལ་ཤུགས་རྐྱེན་ཐེབས་པའི་སྐྱོ་དངོས་མ་ཡིན་པའི་རྒྱུ་རྐྱེན་གཙོ་བོའང་ཡིན། ཆུ་དཀོན་པའི་དུས་སུ་ལོ་ཏོག་གི་སྐམ་པ་དང་ས་དངོས་སུ་བུད་པའི་ཆ་ཤས་ཀྱི་འཚར་ལོངས་ལ་ཆོད་འཛིན་ངེས་ཅན་ཐེབས་པས། འབྲུ་རིགས་སྐྱེ་དངོས་ཀྱི་གྲངས་འབོར་དང་ཐོན་འབོར། ལོ་ལེགས་བཅས་ཀྱི་སྟུར་གྲངས་ཇེ་དམའ་རུ་འགྲོ་ངེས་ཡིན། ལི་གྲོར་རྣམ་པ་རིག་པའི་ཁྱད་ཆོས་ལྡན་པས་ཐན་འགོག་གི་ནུས་པ་ཅུང་ཆེ། དཔེར་ན། སྐམ་པའི་ཁྱབ་རྒྱ་ཆེ་ཞིང་ཡལ་ག་མང་བ། ལོ་མ་ལྷུང་བ་བརྒྱུད་ནས་ལོ་མའི་རྒྱ་ཁྱོན་ཇེ་ཆུང་དུ་གཏོང་བ། ཕྲ་ཕུང་གི་ཕྲི་ཤུན་ཆུང་ཞིང་མཐུག་པས་ཆུ་ཕྱིར་ཤོར་བར་སྔོན་འགོག་བྱེད་ཐུབ། གཤེར་ཁུའི་ནང་དུ་རྫ་སྐྱུར་ནྭ་འདུས་པས། ཆུ་སྟུད་ལེན་བྱེད་ཐུབ་པར་མ་ཟད། རླངས་འགྱུར་བྱེད་ནུས་ལས་ཆུ་ཕྱིར་ཤོར་ཚད་ཇེ་ཞུང་དུ་གཏོང་ཐུབ།

ལི་གྲོའི་ཐན་འགོག་ཁྱད་ཆོས་ལ་ཐན་པར་གཡོལ་བ་དང་ཐན་པ་འགོག་པ། ཐན་པར་བཟོད་པ་བཅས་ཚུད་ཡོད། ཐན་པར་གཡོལ་བ་ནི་གཙོ་བོ་འཚོ་བཅུད་མགྱོགས་མྱུར་ངང་སྐྱེས་པ་དང་ལོ་ཏོག་སྨ་མོ་ནས་སྨིན་པ་ལ་བརྟེན་ནས་མངོན་འགྱུར་བྱུང་ཞིང་། ཐན་འགོག་ནི་གཙོ་བོར་རྩི་ཤིང་གི་གྲུབ་ཆ་དང་སེམས་ཤུགས་དམའ་བར་བརྟེན་དགོས། ལི་གྲོའི་ཐན་འགོག་རང་བཞིན་གྱིས་ལོ་འདབ་ལ་སེམས་ཤུགས་ཆུང་བ་དང་སྐམ་ཚད་དམའ་བ། ལྟེམ་ཚད་དམའ་བ། དེ་མིན་བརླན་ཤུང་

བའི་གནས་ཚུལ་འོག་ཏུ་ཕྲ་ཕུང་ལ་ཕན་འབྲས་ལྡན་པའི་སྤྲོས་གནོན་ནུས་པ་རྒྱུན་འཁྱོངས་བྱེད་ཐུབ་པའི་ལུས་ཁམས་རིག་པའི་ཁྱད་ཆོས་ལྡན། ལི་གྲོའི་གཞུང་རྟ་ཡིས་གཞུང་རྟ་དང་ལོ་འདབ་སྨོམ་སྦྲིག་བརྒྱུད་ནས་ལོ་མ་སྙིང་གི་སྐྱེ་མེད་གྱིས་རྩལ་དང་སྐྱེ་ལྡན་དངོས་པོ་བཞུ་གཤིས་མངར་མོ། ཕོར་ཨན་སྒྱུར་བཅས་ཀྱི་འདུས་ཚད་ལ་བརྟེན་ནས་ཐན་པའི་བཟོད་ནུས་ཇེ་ཆེར་གཏོང་ཐུབ། ཐན་པ་ཚབས་ཆེ་བའི་ཆ་རྐྱེན་འོག་ཏུ་ལི་གྲོའི་ལོ་འདབ་ལ་བརྟན་གྱི་ཆ་དམའ་མོད། འོན་ཀྱང་དབུགས་སྔོ་ངེས་ཅན་ཞིག་ཕྱིས་ནས་རྒྱུན་འཁྱོངས་བྱས་ཡོད་པས། རླངས་གཟུགས་བདེ་བླག་དང་བཟེ་ཐུབ། ལི་གྲོའི་ལོ་མས་ཆུའི་འདུས་ཚད་ཅུང་མཐོན་པོ་སྲུང་འཛིན་བྱེད་ཐུབ་པས། དབུགས་ཁུང་གི་རླངས་གཟུགས་བཟེ་བའི་ཚད་ཇེ་དམའ་རུ་འགྲོ་བར་སྔོན་འགོག་ཐུབ་པ་དང་། བརྟན་ཕྱི་ལ་ཤོར་ཚད་ཀྱང་ཇེ་ཉུང་དུ་གཏོང་ཐུབ། འདིའི་འདེབས་འཛུགས་གཙོ་བོ་ནི་ས་བོན་ལེགས་བདམས་དང་། ཆུ་ལུད་སྨོམ་སྦྲིག་ཚོད་འཛིན། འདེབས་འཛུགས་ཀྱི་བར་ཐག་སྟུག་ཚད་སོགས་གཙོ་བོར་འཛིན་དགོས་ཤིང་། འབྱུང་ཁུངས་དང་འཚམ་པའི་སྨོམ་སྦྲིག་བྱེད་ཐབས་སྤྱད་དེ་ལོ་མ་བྲིགས་ནས་སྐེ་མ་བརྒྱུད་དེ་ལི་གྲོའི་ཐོན་འབབ་ཆེན་པོ་མངོན་འགྱུར་བྱེད་ཐུབ།

གསུམ། ཆུ་ལུད་ཀྱི་ནོ་དམ་བྱེད་ཐབས་ཀྱིས་ལི་གྲོའི་འཚར་ལོངས་དང་ཐོན་འབོར་ལ་ཤུགས་རྐྱེན་ཐེབས་པ།

སྤྲོལ་རྒྱུན་གྱི་ཞིང་ལས་འདེབས་འཛུགས་ཀྱིས་ནམ་རྒྱུན་ཆུ་གཏོང་བའི་རྣམ་པས་ཞིང་ལ་ཡུར་ཆུ་དྲངས་ནས་ཆུ་ནུས་ལ་ཟད་གྲོན་ཅི་ཡང་མེད་པས་ཆུ་འདྲེན་བཀོལ་ཚད་དང་ཆུའི་ཐོན་སྐྱེད་ནུས་ཤུགས་མངོན་གསལ་གྱིས་ཇེ་དམའ་རུ་འགྲོ་གྱིན། སྤྲོལ་རྒྱུན་གྱི་ཆུ་འདྲེན་སྟངས་ནི་ཆུ་གྲོན་ཆུང་རང་བཞིན་གྱི་ཞིང་ལས་སུ་ལེགས་བཅོས་དང་གོང་སྤེལ་བཏང་ཞིང་། སྦྱངས་འདྲེན་ཆུ་གཏོར་ལག་རྩལ་སྤྱད་དེ། ཆུ་འདྲེན་ཚད་དང་ཆུ་འདྲེན་པའི་དུས་ཚོད་ལ་གནད་འཁེལ་ཚོད་འཛིན་

བྱས་པས། ཞིང་ཁའི་ལོ་ཏོག་གི་བརྟན་ཆའི་དོ་དམ་ལས་ཚོད་མཐོར་འདེགས་སུ་བཏང་། སྦྲུབས་འདྲིན་ཆུ་གཏོར་མ་ལག་གིས་ལོ་ཏོག་གི་རྩད་པར་ཅུང་འཚམ་པའི་ཆུ་དང་ལུད། དབུགས། དྲོད་བཅས་ཀྱི་ཆ་རྐྱེན་འདོན་སྤྲོད་བྱེད་ཐུབ་པས། ལོ་ཏོག་གི་རྩད་པས་ཆུ་སྣུད་ལེན་དང་བེད་སྤྱོད་ལས་ལོ་ཏོག་གི་ཐོན་འབབ་དམིགས་ཡུལ་མངོན་འགྱུར་བྱུང་། ལི་གྲོའི་འདེབས་འཛུགས་ཁྲོད་དུ་དུས་སྔོན་དང་སྨྲེ་མ་ཐོགས་པའི་དུས་སྐབས། སྨྲེ་མ་ཐོན་པ་ནས་སྨིན་དུས་བཅས་ལ་དུས་ཐོག་ཏུ་ཆུ་དྲངས་ན། ལོ་མའི་ལྗང་རྒྱུའི་འདུས་ཚད་དང་འོད་འདྲིས་ནུས་པ་ཇེ་མཐོར་གཏོང་ཞིང་། ལོ་ཏོག་སྨིན་པའི་ཐོན་སྐྱེད་ལ་སྐུལ་འདེད་བྱེད་ཐུབ། རྩད་པ་དང་གཞུང་རྐང་། ལོ་མ་སོགས་ཀྱི་བྱེད་ནུས་ཉམས་ནས་ལོ་ཏོག་གི་ཐོན་འབོར་དང་སྤྲུན་ཚད་ཀྱི་ཕན་འབྲས་ཇེ་མཐོར་གཏོང་ཐུབ། སྨྲེ་མ་ཐོགས་དུས་དང་སྨྲེ་མ་ལེན་པའི་དུས་སོ་སོར་དགུན་གྲོ་ལ་ཆུ་བཏང་ན་དེའི་རྩད་པ་སྲ་མཁྲེགས་སུ་འགྱུར་ཐུབ། སྨྱུ་གུའི་དུས་དང་ཡལ་འདབ་ཐོགས་པའི་དུས། ཡུར་འདྲེན་དུས་སྐབས་སོ་སོར་ཆུ་འདྲེན་པ་དང་ཆུ་འདྲེན་པའི་དུས་མི་འདྲ་བའི་དབང་གིས་ལི་གྲོའི་འཚར་ལོངས་དང་ལི་གྲོའི་ཐོན་འབོར་ལ་ཤུགས་རྐྱེན་ཐེབས་མིན་ཐད་ལ་ཞིབ་དཔྱད་བྱས་ཏེ། ཚད་ངེས་ཅན་གྱི་སྒོ་ནས་ཆུ་འདྲེན་པའི་བེད་སྤྱོད་ཚད་གཞི་ཇེ་མཐོར་བཏང་སྟེ་ཐོན་འབོར་དང་ཆུ་ཡི་གྲོན་ཚད། ཞན་ཚད་བེད་སྤྱོད་བཅས་ལ་ཕན་འབྲས་ཐོན་ཐུབ་པའི་ཕྱོགས་བསྡུས་ལག་རྩལ་བྱ་ཐབས་ཡག་ཤོས་འཚོལ་དགོས།

བཞི། ཏན་ལུད་གཏོར་ན་དངོས་རྒྱུའི་གསོག་ཉར་དང་ཐོན་འབོར་ལ་ཐེབས་པའི་ཤུགས་རྐྱེན།

ཏན་རྒྱུ་ནི་ལོ་ཏོག་འཚར་ལོངས་ཡོང་བའི་བརྒྱུད་རིམ་ཁྲོད་ནས་མེད་དུ་མི་རུང་བའི་འཚོ་བཅུད་ཀྱི་གཞི་རྒྱུ་ཞིག་དང་། ཐོན་འབོར་ལ་ཚོད་འཛིན་བྱེད་པའི་རྒྱུ་རྐྱེན་གལ་ཆེན་ཞིག་ཀྱང་ཡིན། དུས་ཡུན་རིང་པོར་ཏན་ལུད་མང་པོ་གཏོར་ན་གཤིན་

སར་ཏན་འདུས་ཁེ་ཕན་འབྱུང་ཞིང་། གཞུང་རྟའི་འཚར་ལོངས་མགྱོགས་ཤིང་འཚོ་བཅུད་མང་བས། ཏན་ལུད་ཙང་ན་ལོ་ཏོག་གི་ཐོན་འབོར་ཙང་། འོན་ཀྱང་དེས་ཁོར་ཡུག་ལ་ཤུགས་རྐྱེན་ཆེན་པོ་ཐེབས་སྲིད། ཡིན་ཡང་ཏན་ལུད་ནི་ལུགས་མཐུན་དང་དུས་དང་འཚམ་ལ། འོས་འཚམ་སྙོམས་བེད་སྤྱོད་བྱས་ན། སྐྱེ་དངོས་ཀྱི་ཐོན་འབོར་མཐོ་ཞིང་སྲུས་ཀ་ལེགས་པར་མ་ཟད། ཏན་རྒྱུ་བཀོལ་ཚད་མང་དྲགས་པའི་དབང་གིས་ཁོར་ཡུག་ལ་ཐེབས་པའི་འབབ་བཙོག་གི་གནད་དོན་ཡང་ཇེ་ཙང་དུ་གཏོང་ཐུབ། ཏན་ལུད་འོས་འཚམ་ཞེས་པ་ནི་གཙོ་བོར་ལོ་ཏོག་འདེབས་སའི་ས་ཁུལ་དང་ས་རྒྱུའི་གཤིན་ཚད། གནམ་གཤིས་བཅས་ཀྱི་ཆ་རྐྱེན་ལ་གཞིགས་ནས་གཏོར་དགོས་པ་དང་། འདི་ལ་བརྟེན་ནས་ལུད་འཇོག་ཚད་དང་དུས་ཚོད། ལུད་འཇོག་ལ་འཚམ་པའི་སྤུར་ཚད་ལྟར་ཐག་གཅོད་དགོས་པར་མ་ཟད། གཙོ་བོར་ལུད་འཇོག་ཚད་ཀྱི་མང་ཙང་ལ་རག་ལས། ཏན་ལུད་ལུགས་མཐུན་གཏོར་ན་ཏན་བསྡུ་ཚད་ཇེ་མང་དུ་གཏོང་ཐུབ་པ་དང་། ལོ་ཏོག་གི་སྙེ་མའི་འབྲུ་རྡོག་སྨིན་ཐག་མ་ཆོད་པའི་སྣང་ཚུལ་ཡང་ཇེ་ཙང་དུ་བཏང་ནས་འབྲུ་རྡོག་ཆེ་བ་ནས་སྙེ་རྡོག་ཇེ་མང་དུ་གཏོང་རྒྱུར་ཤུགས་རྐྱེན་ཆེན་པོ་ཐེབས་ཐུབ། ལི་གྲོ་ལ་ཏན་ལུད་གཏོར་བའི་འབྲེལ་ཡོད་ཞིབ་འཇུག་ལས་ཤེས་གསལ་ལྟར་ན། ལི་གྲོ་སྤྱི་ཆིངས་རེར་སྟོང་ཁེ75ཡི་ལུད་འཇོག་པའི་ཚད་གཞི་ལྟར་ན་འཚོ་བཅུད་ལ་འཚར་ལོངས་ཅུང་སྡུ་བ་དང་སྐྱེ་དངོས་ཀྱི་ཐོན་འབོར། དཔལ་འབྱོར་གྱི་ཐོན་འབོར། ཐོན་འབོར་གྱི་ཚད་གྲངས་བཅས་ནི་ཆེས་ཆེ་ཤོས་སུ་སླེབས་སྲིད།

ཆུ་འདྲེན་པ་དང་ཏན་ལུད་གཏོར་བའི་བྱེད་ཐབས་གཉིས་ཀས་ལོ་ཏོག་གི་ཐོན་འབོར་ཇེ་མཐོར་གཏོང་ཐུབ་མོད། འོན་ཀྱང་མིག་སྔར་གྱི་ཐོན་ཁུངས་གང་དེའི་ཆ་རྐྱེན་འོག་ཏུ་ལུད་རྫས་འོས་འཚམ་གཏོར་དགོས་པ་དང་། ལོ་ཏོག་གི་བརྙན་ཆ་སྤུད་ལེན་དང་འཚར་ལོངས་མཐུན་སྦྱོར་ལ་ཁག་ཐེག་བྱས་ན། འཚོ་བཅུད་གཞན་སྒྱུར་

ཚད་གཞི་དང་ཆུ་ལུད་སྤྱོད་ཚད་མཐོར་འདེགས་ཀྱིས་ལོ་ཏོག་གི་ཐོན་འབོར་དང་རྒྱུ་སྤུས་ཀྱང་ཇེ་ལེགས་ནས་ཇེ་བཟང་ལ་གཏོང་ཐུབ། ཧན་གཏོར་བ་དང་ཆུ་འདྲེན་པ་ནི་ལི་གྲོའི་འཚར་ལོངས་དང་། ཐོན་འབོར་གྱི་སྤུས་ཚད་ལ་སྐྱེལ་འདེད་ཀྱི་ནུས་པ་མངོན་གསལ་ཐོན་ཡོད། ཡིན་ཡང་ཧན་རྒྱུའི་ཤུགས་རྐྱེན་དང་ནུས་པ་ནི་ཆུ་འདྲེན་པ་ལས་མཐོ་ཞིང་། ཧན་ལུད་གཏོར་ཚད་ཚད་ངེས་ཅན་ཞིག་ལ་སླེབ་དུས། གཞུང་ཧྲ་སྐམ་པོ་ནས་གསོག་འཇོག་གི་ཚད་དང་སྐྱེ་མའི་ཐོན་འབོར་ཆེས་མཐོན་པོ་ཡིན། ཆུ་འདྲེན་ཚད་དང་ལུད་གཏོར་ཚད་ཞུང་ན་ལོ་ཏོག་གི་ཐོན་འབོར་གནས་སྟངས་དང་། ཆུ་ལུད་བེད་སྤྱོད་ཚད་གཞི། གཞུང་ཧྲའི་ཁྱད་ཆོས་ཀྱི་དམིགས་ཚད་བཅས་ལ་ཚོད་འཛིན་གྱི་ནུས་པ་ཐོན་སྲིད། ཧན་གཏོར་ཚད་དང་ཆུ་འདྲེན་ཚད་འབྲིང་ཙམ་གྱིས་ལོ་ཏོག་གི་ཐོན་འབོར་དང་སྤུས་ལེགས་གཞུང་ཧྲའི་དམིགས་ཚད་ཇེ་མཐོར་བཏང་སྟེ། ཞིང་པའི་བརྟན་དང་ལུད་རྫས་སྔུད་ལེན་བྱེད་པའི་ཁྱབ་ཁོངས་ཆེས་ཆེར་གཏོང་ཐུབ་པར་མ་ཟད། ཆུ་དང་ཧན་བཀོལ་སྤྱོད་བྱས་པའི་ཕན་འབྲས་ཀྱང་སྐྱེད་ཐུབ།

ལེའུ་གསུམ་པ། སྤུས་ལེགས་སོན་བཟང་ངོ་སྤྲོད།

ས་བཅད་དང་པོ། སྤུས་ལེགས་སོན་བཟང་འདེམ་སྒྲུབ།

འདེབས་འཛུགས་སོ་རིམ་ཁྲོད་ཀྱི་ལི་གྲོའི་རྒྱུ་ཕྱུས་ནི་ལོ་ཏོག་གི་མཇུག་མཐའི་ཐོན་འབོར་དང་རྒྱུ་ཕྱུས་ལ་ཐད་ཀར་འབྲེལ་བ་ཡོད་པས། ལི་གྲོའི་ས་བོན་ཕྱུས་ལེགས་ཤིག་བདམས་ཚོད་གཟོད་འདེབས་འཛུགས་ལ་དོ་དམ་དང་། གནོད་འབུའི་གནོད་འཚེ་འགོག་བཅོས་ཀྱི་ཕན་འབྲས་ཇི་མཐོར་གཏོང་ཐུབ། དེ་བས། ལི་གྲོའི་རྒྱུ་ཕྱུས་འདེམ་པའི་ཐད་ནས་ཐོག་མར་མཚོ་བོད་མཐོ་སྒང་གི་ས་ཁོངས་ཀྱི་ཁྱད་ཆོས་ལྟར། འཚར་ཡོངས་ཀྱི་དུས་རིམ་ལྟོས་བཅས་ཀྱིས་གྲལ་དག་པའི་ལི་གྲོའི་རིགས་བདམས་ཏེ། ལི་གྲོའི་ཐོན་འབོར་དང་ཕྱུས་ཚད་ལ་ཁག་ཐེག་བྱེད་དགོས། དེའི་འཕྲོར་ནད་དུག་འགོག་སྲུང་གི་ནུས་པ་ཙུང་ཆེ་བའི་ལི་གྲོ་བདམས་ནས་གནོད་འབུའི་གནོད་འཚེ་འགོག་ཐུབ་པ་བྱས་ཏེ། ནད་འབུའི་གནོད་འཚེ་ཚབས་ཆེན་གྱི་དབང་གིས་ཐོན་འབབ་ཇེ་ཉུང་དུ་འགྲོ་བའི་གནད་དོན་མི་འབྱུང་བ་དང་ཞིང་པ་དུད་ཁྱིམ་གྱི་དཔལ་འབྱོར་ཕན་འབྲས་ལ་འགན་སྲུང་ཐུབ་པར་བྱེད་དགོས། འདིའི་ཁྲོད་དུ། མཚོ་སྔོན་ཞིང་ཆེན་གྱིས་རང་བཙན་གསོ་སྤེལ་སྐྱེད་བསྲིངས་བྱས་པའི་མཚོ་སྔོན་གྱི་ལི་གྲོ་ཨང1དང་མཚོ་སྔོན་གྱི་ལི་གྲོ་ཨང2སོགས་ནི་མཚོ་སྔོན་གྱི་མཐོ་སྒང་ས་ཁུལ་དུ་འདེབས་འཛུགས་བྱ་རྒྱུར་ཏ་ཙང་འཚམ་པའི་ལི་གྲོའི་རིགས་ཤིག་ཡིན།

ཕྱུས་ལེགས་སོན་བཟང་འདེམ་སྐབས་ཚོང་རའི་དགོས་མཁོར་དམིགས་ནས་ས་གནས་ཀྱི་སྐྱེ་ཁམས་ཁོར་ཡུག་དང་ཐོན་སྐྱེད་ཆ་རྐྱེན་ལ་ཟུང་འབྲེལ་བྱས་ཏེ། དཔྱད་འཇོག་ཐོབ་པའི་ཕྱུས་ལེགས་སོན་བཟང་འདེམ་དགོས། ཆུ་ལུད་ཀྱི་ཆ་རྐྱེན་བཟང་ཞིང་ཐོན་འབོར་མོད་ལ་ཐན་འགོག་ནུས་པ་ལྡན་པའི་ས་ཁུལ་བདམས་ཏེ། མི་མངོན་པའི་ནུས་པ་ཅན་གྱི་ཐོན་འབོར་ཕྱུས་ལེགས་སོན་བཟང་འདེམ་དགོས། ཐན་པ་ཆུང་སར་ཐན་འགོག་དང་གཤིན་ས་ལེགས་པོ་བདམས་ཏེ་བརྟན་འཇགས་རང་བཞིན་ལེགས་པོའི་ཕྱུས་ལེགས་སོན་བཟང་གདམ་རྒྱུ་ནི་གལ་ཆེན་ཞིག་ཡིན། ཐོན་འབོར་བརྟན་པོ་ཡིན་པ་བཅས་ཀྱི་སོན་རྒྱུད་འདེམ་དགོས། ཕྱུས་ལེགས་སོན་བཟང་གི་ཚད་གཞིའི་ལྷད་མེད་ཚད་ནི≥99%དང་གཙང་ཚད≥98% སྨྱུ་གུ་འབུས་ཚད≥85% རླན་ཚད≤13%བཅས་ཡིན། དེ་ཡང་སྔོ་བསྐལ་གཟན་ཆས་ཀྱི་སོན་བཟང་འདེབས་གསོ་བྱེད་ཐབས་འདེམ་དགོས་ཤིང་། མེ་ཏོག་བཞད་པའི་དུས་སུ། ས་གནས་དེ་གའི་དྲོད་ཚད་མཐོ་ལ་ཆར་ཆུ་མང་བའི་དུས་སྐབས་ལ་འཁེལ་རྒྱུར་གཡོལ་གང་ཐུབ་བྱས་ནས། དྲོད་ཚད་མཐོ་ལ་ཆར་ཆུ་མང་བའི་དབང་གིས་ཐོན་འབོར་མར་ལྷུང་བ་དང་མཐའ་མཇུག་ལོ་ལེགས་བསྡུ་རྒྱུ་མེད་པ་བཅས་ལ་གྲ་སྒྲིག་དང་སྔོན་འགོག་བྱེད་དགོས།

ལི་གྲོའི་འབྲུ་རྫོག་ལ་མདོག་གསུམ་ཡོད་ལ། དེ་ནི་གཙོ་བོར་ལི་གྲོ་དཀར་པོ་དང་ལི་གྲོ་དམར་པོ། ལི་གྲོ་ནག་པོ་བཅས་ཡིན། དོན་དངོས་སུ། ལི་གྲོ་དེ་དག་གི་འཚོ་བཅུད་ལ་ཁྱད་པར་ཆེན་པོ་མེད་མོད། འོན་ཀྱང་བྲོ་བ་ལ་མངོན་གསལ་གྱི་ཁྱད་པར་ཡོད། ལི་གྲོ་ནག་པོའི་བྲོ་བ་ཅུང་མཁྲེགས། ཡིན་ཡང་ལི་གྲོ་དཀར་པོ་ནི་ཅུང་སླ་ཞིང་ཚོང་རའི་སྟེང་ནས་རྒྱུན་དུ་མཐོང་རྒྱུ་ཡོད་པས། ཡོངས་ཁྱབ་ཏུ་ཀུན་གྱིས་དགའ་བསུ་ཐོབ། ལི་གྲོའི་སླེ་རྫོག་གི་བར་དུ་སྨན་གྱི་རྣམ་པ་ལྟ་བུ་ཞིག་འདུར་དུ་ཐོན་ཡོད་ལ་མཐའ་འཁོར་དུ་སྐྱེ་རྩའི་སྨྱུ་གུ་དཀར་པོས་ཡོངས་སུ་བསྐོར། ཕྱུས་

ལེགས་ལི་གྲོའི་སྨེ་རྗོག་ཡོངས་སུ་ཆ་མཉམ་ཞིང་ཡོད་ཚད་ཁ་གང་ནས་ཁ་དོག་གསལ་ལ་འཐུས་སྨོ་ཚང་བས་ཚག་རྩལ་འབྱུང་བའི་སྣང་ཚུལ་ཏ་ཅང་ཉུང་། ཡིན་ཡང་སྤུས་ཚད་ཞན་པའི་ལི་གྲོའི་རིགས་ཀྱི་འབྲུ་རྗོག་ཆུང་བ་དང་དཀྱིལ་དབུས་ཀྲོང་ཀྲོང་དང་ཁ་གང་མེད་པ། ཁ་དོག་ནག་པོ་དང་འབྲུ་རྗོག་ཚག་རྩལ། འབྲུ་རྗོག་ཆུང་དུ་སོགས་མང་པོ་ཡོད། ས་བོན་འདེམ་སྐབས་འབྲུ་རྗོག་ཅུང་རྒྱས་ཤིང་སྤུས་ཀ་བཟང་བའི་རིགས་བདམས་ན་གནོད་འབུའི་གནོད་འཚེ་དང་གྲང་འགོག་ནུས་པ་ཇེ་མཐོར་གཏོང་ཐུབ། སྤུས་ལེགས་ལི་གྲོའི་ས་བོན་འབྲུ་རྗོག་གི་ལྗིད་ཚད་ནི་ཁེ5ཡི་ཡན་དང་འབྲུ་རྗོག་གི་ཚངས་ཐིག་ལ་ཏའོ་སྨི2.4ཡི་ཡན་ཡོད། ཐོན་འབོར་མོད་པ་དང་ལྷད་མེད་ཚད་གཞི་མཐོ་བ། ལི་གྲོའི་འབྲུ་རྗོག་ཆེ་བའི་རིགས་ཀྱི་ས་བོན་བདམས་ནས། 2.5%ཡི་ཁིལ་སྐྱུར་ནྭ་ཕལ་བའི་ནང་སྐར་མ5ལ་སྦང་དགོས་པ་དང་། སྲིན་མེད་གྱིས་རྫུལ་ཆུའི་ནང་དུ་ཐེངས3~4གཙང་བཀྲུ་བྱས་རྗེས་མགྱོགས་མྱུར་ངང་སྐམ་དུ་བཙུག་ནས་ག་སྒྲིག་བྱེད་དགོས།

ས་བཅད་གཉིས་པ། སྔ་སྨིན་དང་བར་སྨིན་སོན་རྒྱུད།

སྔ་སྨིན་དང་བར་སྨིན་སོན་རྒྱུད་ཅན་པའི་ལི་གྲོ་དང་པོའི་སྐྱེ་འཕེལ་དུས་ཡུན་ཉིན126~134ཡིན། གཞུང་རྟ་ཐུང་ཞིང་རིང་ཚད་ལ་ལི་སྨི135ཙམ་ཡོད། ཀྲུ་གུ་མཐུག་ཅིང་ལྷང་བུའི་སྐྱེ་འཕེལ་ལེགས། གཞུང་རྟ་ནི་སྟུད་མའི་དབྱིབས་དང་འདྲ་ཞིང་ཡལ་ལག་མི་འདྲ་བ7~11ཙམ་ཡོད། འབྲས་བུ་སྨིན་པའི་དུས་ལ་གཞུང་རྟ་དང་ལོ་མ། སྨེ་མ་བཅས་ནི་དམར་པོར་འགྱུར་ཞིང་སྡོང་གཟུགས་ཀྱི་རིན་ཐང་ལྡན། སྨེ་ཚགས་དམ་ཞིང་རིང་ཚད་ལ་ལི་སྨི45དང་། མདུད་རྒྱ་ལེགས། སྒོར་སྟུང་དབྱིབས་ཀྱི་མེ་ཏོག་ལ་བང་རིམ་ལྡན་ཞིང་སྨེ་རྗོག་དཀར་པོ་དང་སྒོར་དབྱིབས་སུ་མངོན། སྨེ་རྗོག་གི་

ལྡིད་ཚད་ལ་ཁེ3དང་། སྐེ་རྫོག་གི་ཚངས་ཐིག་ལ་ཏའོ་སྐྱི2 སྤྲི་དཀར་གྱི་འདུས་ཚད་ཁེ13.7/ཁེ100 ཚིལ་ཞག་ཁེ4.9/ཁེ100 མངར་མང་ཁེ28.73/ཁེ100 ཐན་ཆུའི་འདྲེས་སྦྱོར་དངོས་པོར་ཁེ68.5/ཁེ100 འཚོ་རྒྱུE/ཏའོ་ཁེ7.54/ཁེ100 སྤྱིའི་རྫུན་མང་ཏའོ་ཁེ170.8/ཁེ100/བཅས་ཡིན།

སྔ་སྨིན་དང་བར་སྨིན་སོན་རྒྱུད་ཚན་པའི་ལི་གྲོ2པའི་སྐྱེ་འཕེལ་དུས་ཡུན་ཉིན127~134ཡིན། གཞུང་རྟའི་རིང་ཚད་ལ་ལི་སྨི155ཙམ་ཡོད། སྦུ་གུ་ལྡང་ལ་སྐྱེ་འཕེལ་ལེགས། གཞུང་རྟ་ནི་རྟུད་མའི་དབྱིབས་དང་འདྲ་ཞིང་ཡལ་ལག་མི་འདྲ་བ9~13ཙམ་ཡོད། ཟེའུ་འབྲུའི་སྟེབ་སྦྱོར་གྱི་རྗེས་སུ་སྐེ་མའི་སྟོད་ཀྱི་ཆ་དཀར་པོར་འགྱུར། འབྲས་བུ་སྨིན་དུས་གཞུང་རྟ་དང་སྐེ་མ་སེར་པོ་ཡིན། སྐེ་ཚགས་དམ་ཞིང་རིང་ཚད་ལ་ལི་སྨི46~51ཡོད། སྣོར་སྣུང་དབྱིབས་ཀྱི་མེ་ཏོག་ལ་བང་རིམ་ལྡན་ཞིང་སྐེ་རྫོག་སེར་པོ་དང་སྣོར་དབྱིབས་སུ་མངོན། སྐེ་རྫོག་གི་ལྡིད་ཚད་ལ་ཁེ3དང་སྐེ་རྫོག་གི་ཚངས་ཐིག་ལ་ཏའོ་སྐྱི2ཡོད། སྤྲི་དཀར་གྱི་འདུས་ཚད་ཁེ13.4/ཁེ100 ཚིལ་ཞག་ཁེ6/ཁེ100 མངར་མང་ཁེ32.54/ཁེ100 ཐན་ཆུའི་འདྲེས་སྦྱོར་དངོས་པོར་ཁེ68/ཁེ100 འཚོ་རྒྱུE/ཏའོ་ཁེ6.38/ཁེ100 སྤྱིའི་རྫུན་མང་ཏའོ་ཁེ250.8/ཁེ100/བཅས་ཡིན། འགྱེལ་ལོག་རང་བཞིན་དང་གནོད་འབུའི་གནོད་འཚེ། ཚ་འགྱུར་རང་བཞིན་སོགས་ལ་འགོག་སྲུང་གི་ནུས་པ་རིམ་ཅན་ལྡན།

ས་བཅད་གསུམ་པ། བར་སྨིན་དང་འཕྱི་སྨིན་སོན་རྒྱུད།

བར་སྨིན་དང་འཕྱི་སྨིན་སོན་རྒྱུད་གཙང་གསུམ་ལི་གྲོ1པོའི་སྐྱེ་འཕེལ་དུས་ཡུན་ནི། ཉིན128དང་སྐྱེ་འཕེལ་དུས་ཡུན་རིང་པོ་ཉིན145ཡིན། གཞུང་རྟའི་རིང་ཚད་འབྲིང་ཙམ་དང་རིང་ཚད་ལ་ལི་སྨི152ཙམ་ཡོད། སྦུ་གུའི་སྐྱེ་འཕེལ་འབྲིང་ཙམ་

དང་དུས་དཀྱིལ་ནས་དུས་མཇུག་ལ་སྨྲི་སྟོབས་ཅུང་ལེགས། གཞུང་རྐ་ནི་སྦུད་མའི་དབྱིབས་དང་འདྲ་ཞིང་ཡལ་ལག་འཕྲིང་ཙམ་ཡོད། ནུས་མེད་ཡལ་ལག་ཉུང་བ་དང་མདུད་རྒྱའི་རང་བཞིན་ལེགས། འབྲས་བུ་སྨིན་དུས་གཞུང་རྐ་དང་སྙེ་མ་དཀར་པོ་ཡིན། སྙེ་ཚགས་དམ་ཞིང་རིང་ཚད་ལ་ལི་སྨི44ཡོད། སྒོར་སྙུང་དབྱིབས་ཀྱི་མེ་ཏོག་ལ་བང་རིམ་ལྡན་ཞིང་སྙེ་རྗོག་ཅུང་ཆེ་ཞིང་ཁ་དོག་དཀར་པོ་དང་སྒོར་དབྱིབས་སུ་མངོན། སྙེ་རྗོག་གི་ལྡིད་ཚད་ལ་ཁེ4.2དང་། སྙེ་རྗོག་གི་ཚངས་ཐིག་ལ་ཧྲའོ་སྨི2.4 སྤྲི་དཀར་གྱི་འདུས་ཚད་ཁེ12.1/ཁེ100 ཚིལ་ཞག་ཁེ4.8/ཁེ100 མངར་མང་ཁེ19.41/ཁེ100 ཐན་ཆུའི་འདྲེས་སྦྱོར་དངོས་པོར་ཁེ69.8/ཁེ100 འཚོ་རྒྱུE/ཧྲའོ་ཁེ7.23/ཁེ100 སྤྱིའི་ཐྲུན་མང་ཧྲའོ་ཁེ169/ཁེ100བཅས་ཡིན།

བར་སྨིན་དང་འཕྱི་སྨིན་སོན་རྒྱུད་གཙང་གསུམ་ལི་གྲོ2པའི་སྐྱེ་འཕེལ་དུས་ཡུན་ཉིན131དང་སྐྱེ་འཕེལ་དུས་ཡུན་རྫིལ་བོ་ཉིན148ཡིན། གཞུང་རྐའི་རིང་ཞིང་རིང་ཚད་ལ་ལི་སྨི175ཙམ་ཡོད། སྦྱུ་གུ་ལྡང་ལ་སྐྱེ་འཕེལ་ཅུང་ལེགས། གཞུང་རྐ་ནི་སྦུད་མའི་དབྱིབས་དང་འདྲ་ཞིང་ཡལ་ལག19ཙམ་ཡོད། ནུས་མེད་ཡལ་ལག་ཉུང་། འབྲས་བུ་སྨིན་དུས་གཞུང་རྐ་དང་སྙེ་མ་སེར་པོ་ཡིན། སྙེ་ཚགས་དམ་ཞིང་རིང་ཚད་ལ་ལི་སྨི48ཡོད། མདུད་རྒྱ་ཧ་ཅང་ལེགས། སྒོར་སྙུང་དབྱིབས་ཀྱི་མེ་ཏོག་ལ་བང་རིམ་ལྡན་ཞིང་སྙེ་རྗོག་གི་ཁ་དོག་སེར་པོ་དང་སྒོར་དབྱིབས་སུ་མངོན། སྙེ་རྗོག་གི་ལྡིད་ཚད་ལ་ཁེ3.6དང་། སྙེ་རྗོག་གི་ཚངས་ཐིག་ལ་ཧྲའོ་སྨི2.2 སྤྲི་དཀར་གྱི་འདུས་ཚད་ཁེ14.7/ཁེ100 ཚིལ་ཞག་ཁེ4.1/ཁེ100 མངར་མང་ཁེ19.8/ཁེ100 ཐན་ཆུའི་འདྲེས་སྦྱོར་དངོས་པོ་ཁེ68.3/ཁེ100 འཚོ་རྒྱུE/ཧྲའོ་ཁེ7.94/ཁེ100 སྤྱིའི་ཐྲུན་མང་ཧྲའོ་ཁེ208.9/ཁེ100/བཅས་ཡིན། འགྱེལ་ལོག་རང་བཞིན་དང་གནོད་འབུའི་གནོད་འཚེ། ཚ་འགྱུར་རང་བཞིན་སོགས་ལ་འགོག་སྲུང་གི་ནུས་པ་ངེས་ཅན་ལྡན།

ཚ་འདམ་གཤོང་སར་འདེབས་རྒྱུར་འཚམ་པའི་ལི་གྲོའི་ས་བོན་གཙོ་བོ་ནི་ལི་

སྔོན1པོ་དང་ལི་སྔོན2པ། ལི་སྔོན3པ་བཅས་ཀྱི་སྦྱུས་ལེགས་སོན་རྒྱུད་ཡིན། འདི་
དག་གི་སྐྱེ་འཕེལ་ལྟོས་བཅས་ཀྱིས་ལེགས་པར་མ་ཟད། ཚྭ་འདམ་གཤོང་སའི་གནམ་
གཤིས་ཀྱི་ཆ་རྐྱེན་ལ་ཧ་ཅང་འཚམ། ས་བོན་འདེམས་སྒྲུག་དང་འདེབས་འཛུགས་ཀྱི་
གོ་རིམ་ཁྲོད་དུ་མཉམ་འཛོམ་བྱེད་དགོས་ཤིང་། དུས་ཚིགས་དང་པོའི་ནང་འདེབས་
འཛུགས་བྱས་ཚར་རྗེས། གཞུང་རྟ་སྔོམ་ཞིང་ཆེ་ལ་སྐྱེ་མ་མང་། སྨིན་ཚད་མཐོ་བར་
མ་ཟད། སྐྱེ་རྫོག་གི་ཁ་གང་བའི་ས་བོན་ལེགས་པོ་ཉར་ཚགས་བྱེད་དགོས།

ལེའུ་བཞི་པ། ལི་གྲོ་འདེབས་གསོའི་ལག་རྩལ།

ས་བཅད་དང་པོ། ལི་གྲོའི་ཁོར་ཡུག་གི་ཆ་རྐྱེན།

གཅིག ས་རྒྱུ།

ལི་གྲོ་ནི་ས་རྒྱུའི་འཚོ་བཅུད་ཀྱི་ཆ་རྐྱེན་ཅུང་དམའ་ཞིང་ས་རྒྱུ་ཞན་པའི་ཁྲོད་དུ་སྐྱེ་འཕེལ་འབྱུང་ཐུབ་མོད། འོན་ཀྱང་ས་རྒྱུའི་ནང་དུ་ཆུ་འདང་ངེས་ཤིག་གཏོང་དགོས། བྱེ་ཐིགས་འདྲེས་མའི་ས་རྒྱུ་ནི་འཕྲིང་ཤས་དང་ཤིན་ཏུ་འཚམ། pHཡི་གྲངས་ཚད5ཡིན་པའི་སྐྱུར་གཤིས་ས་རྒྱུའམpHཡི་གྲངས་ཚད9ཡིན་པའི་བ་ཚྭའི་རང་བཞིན་གྱི་ས་རྒྱུའི་ནང་དུ་རྒྱུན་ལྡན་ངང་སྐྱེ་འཕེལ་འབྱུང་ཐུབ།

གཉིས། དྲོད་ཚད།

ལི་གྲོའི་ས་བོན་ནི5℃ཡས་མས་ཀྱི་ཁོར་ཡུག་ནང་དུ་མྱུ་གུ་འབུས་ཐུབ་པ་དང་། མྱུ་གུ་འབུས་པར་འཚམ་པའི་དྲོད་ཚད་ནི20~30℃ཡིན། མྱུ་གུའི་དུས་སུ་དྲོད་ཚད8℃དུས་ཐུང་བསྲན་ཐུབ། གཞུང་རྩ་ཡིས་དྲོད་ཚད38℃དུས་ཐུང་ལ་བསྲན་ཐུབ། ཆེས་མཐོ་བའི་དྲོད་ཚད་ནི་སྤྱིར་བཏང་དུ32℃ལས་དམའ་བ་དང་། དབྱར་དུས་བསིལ་བའམ་མཚོ་ངོས་ལས་མཐོ་ཚད་སྨི1400ཡན་གྱི་ས་ཁུལ་དུ་འདེབས་འཛུགས་བྱས་ན་ཅུང་འཚམ།

གསུམ། ཉི་འོད།

ལི་སྒྲོ་ནི་ཉི་འོད་དྲག་པོར་དགའ་ཞིང་། ས་བབ་ཅུང་མཐོ་བ་དང་ཡངས་ཤིང་རྒྱ་ཆེ་བའི་ས་ཁུལ་ནི་ལི་སྒྲོའི་སྐྱེ་འཕེལ་དང་འཚར་ལོངས་ལ་ཏ་ཅང་ཕན།

བཞི། རླན་ཚད།

ལི་སྒྲོ་ལ་ཐན་འགོག་ནུས་པ་དྲག་པོ་ལྡན་ཞིང་། ཆ་སྙོམས་ལོ་རེར་ཆར་ཆུ་འབབ་ཚད་ཏའོ་སྨི300ཡན་གྱི་ཐན་པ་དང་ཐན་ཕྱེད་ས་ཁུལ་དུ་འདེབས་འཛུགས་བྱས་ཆོག རླན་ཚད་ཆེ་བ་དང་ཆར་ལོད་ནི་ལི་སྒྲོའི་སྐྱེ་སྟོབས་ལ་མི་ཕན་པས། མཁའ་རླུང་གི་རླན་ཚད་ནི་ལྷོས་བཅས་ཀྱིས50%~85%དང་། ས་རྒྱུའི་རླན་ཚད་ནི་ལྷོས་བཅས་ཀྱིས35%~75%ཡིན་དགོས།

ལྔ། འཚོ་བཅུད།

ལི་སྒྲོའི་འཚོ་བཅུད་དང་སྐྱེ་འཕེལ་གཉིས་ཀྱི་འཚར་ལོངས་དུས་ཚོད་ཅུང་རིང་བས་ཏན་ལུད་དང་ཡིན། ཟླ་སོགས་ཀྱི་འཚོ་བཅུད་དང་ སྤེལ་སྦྲིག་གིས་སྤྱོད་དགོས་པ་ལས་ཏན་ལུད་ཁོ་ན་གཏོར་ན་མི་འཚམ་པ་ཡིན།

ས་བཅད་གཉིས་པ། ཞིང་ས་འདེམ་སྟངས་དང་ས་བོན་སྙོམས་སྟངས།

གཅིག ཞིང་ས་འདེམ་པ།

ལི་སྒྲོ་འདེབས་འཛུགས་བྱེད་པར་སྤྱིར་བཏང་དུ་ས་རིམ་གཏིང་ཟབ་པ་དང་ས་རྒྱུའི་གཤེར་ཚད་འབྲིང་ཙམ། ཉི་འོད་འཛོམས་པ། རླུང་རྒྱུ་བ། ཆུ་གཏོང་བ་སྟབས་བདེ་བཅས་ཡིན་པའི་ཞིང་ས་འདེམ་དགོས་ལ། བྱེ་མའི་ས་རྒྱུ་དང་གཤེར་ས། བྱེ་ཟེགས་ས་རྒྱུ་བཅས་ལ་ལི་སྒྲོ་འདེབས་འཛུགས་བྱེད་དགོས། ལི་སྒྲོ་འདེབས་འཛུགས་ཀྱི་གོ་རིམ་ཁྲོད་ཀྱི་ལས་རིམ་དང་པོ་ནི་འདེབས་འཛུགས་བྱེད་སའི་ཞིང་ས་གདམ་

རྒྱུ་དེ་ཡིན། རྒྱ་མཚོའི་ངོས་ལས་མཐོ་ཚད་ཀྱི་གཞི་རྒྱུ་ནི་ཞིང་ས་འདེམ་པའི་གནད་འགག་དང་པོའང་ཡིན། སྤྱིར་བཏང་དུ་རྒྱ་མཚོའི་ངོས་ལས་མཐོ་ཚད་ཇི་ལྟར་མཐོ་ན་ལི་གྲོའི་སྨིན་ཚད་དང་རྒྱུ་སྤུས་ཀྱང་དེ་ལྟར་བཟང་བས། ཞིང་ས་འདེམ་སྐབས་ས་བབ་ཙུང་མཐོ་ས་འདེམ་དགོས། དེའི་འཕྲོར་ལི་གྲོར་ཁོར་ཡུག་གང་ཙུང་ལ་འཚམ་པ་དང་འདྲིས་ཡོབས་ཀྱི་ནུས་པ་ཆེན་པོ་ལྡན་མོད། འོན་ཀྱང་ཉི་འོད་འཕྲོ་བའི་དུས་ཡུན་ཙུང་རིང་དགོས། དེ་བས་ཞིང་ས་འདེམ་པའི་གནད་འགག་གཉིས་པ་ནི་ཉི་འོད་འཕྲོ་བའི་དུས་ཡུན་ཙུང་རིང་པོར་འགན་སྲུང་བྱ་རྒྱུ་དེ་ཡིན། གནད་འགག་གསུམ་པ་ནི་ལི་གྲོའི་འཚར་ལོངས་ལ་ལུད་རྫས་མང་པོ་འཇོག་མི་དགོས། ཞོག་ཁོག་སོགས་གཞུང་ཧྲ་ཙན་གྱི་རྩི་ཤིང་འདེབས་འཛུགས་བྱས་པའི་ཞིང་ས་བདམས་ནས་འདེབས་འཛུགས་བྱས་ཆོག དེ་ལྟར་བྱས་ཚེ་ལི་གྲོའི་འཚོ་བཅུད་སྲུད་ལེན་ལ་འགན་ལེན་བྱེད་ཐུབ་པར་མ་ཟད། ཚད་ངེས་ཅན་ཞིག་གི་སྟེང་ནས་ནད་འབུའི་གནོད་འཚེ་ལའང་འགོག་བཅོས་བྱ་ཐུབ།

ལི་གྲོ་ནི་ཞིང་ས་གཅིག་གི་སྟེང་དུ་ལོ་རེར་བསྟུད་མར་འདེབས་འཛུགས་བྱས་ན་མི་འཚམ་ཞིང་། སྤྱིར་བཏང་དུ་མ་རྨོས་ལོ་ཏོག་དང་ཡ་མ་སོ་མ། གྲོ། ཡུ་སུ་དཀར་པོ། སྲན་མ། ཞོག་ཁོག སྒོ་ཚལ། བྲ་བོ། མངར་ཚལ་སོགས་ལོ་གསུམ་རེའི་ནང་དུ་བརྗེ་རེས་བྱས་ཏེ་བཏབ་ན་ལེགས། བསྟུད་མར་བཏབ་ན་གནོད་འབུའི་གནོད་འཚེའི་འབྱུང་ཚད་ཇི་མང་དུ་འགྲོ་བར་མ་ཟད། རྩ་ལྷམ་མང་པོ་སྐྱེས་པ། ས་རྒྱུའི་ཁྲོད་ཀྱི་འཚོ་བཅུད་གཞི་རྒྱུ་སྐོར་ཞིག་གི་མཁོ་འདོན་གྱིས་མི་འདང་བའི་སྣང་ཚུལ་འབྱུང་སྲིད། རེས་འདེབས་ལུགས་མཐུན་བྱས་ན་ལི་གྲོར་ལོ་ལེགས་སྨིན་ཐུབ། རྩ་ལྷམ་འགོག་སྨན་གྱིས་ལི་གྲོའི་སྐྱེ་འཕེལ་ལ་ཤུགས་རྐྱེན་ཆེན་པོ་ཐེབས་སྲིད་ཅིང་། ལི་གྲོ་འདེབས་དུས་རབས་ཡིན་ན་ལོ2~3ཀྱི་ནང་དུ་རྩ་ལྷམ་འགོག་སྨན་གཏོར་མ་མྱོང་བའི་ཞིང་ས་བདམས་ན་མཆོག་གོ །

ལི་གྲོ་ནི་འབྲུ་རྗོག་ཚུང་ངུའི་རིགས་ཀྱི་ལོ་ཏོག་ཅིག་ཡིན་ལ། སྨྱུ་གུ་འབུས་དུས་སའི་ཁར་འབུད་པའི་ནུས་པ་ཧ་ཅང་ཞན། དེ་བས། ཞིང་སའི་ཞིབ་ཚགས་ཀྱི་ཚད་ནི་ལི་གྲོའི་སྨྱུ་གུ་རྒྱུན་ལྡན་ལྟར་སྐྱེ་ཐུབ་མིན་ལ་ཐད་ཀར་འབྲེལ་བ་ཡོད། གལ་ཏེ་ས་ཞིང་གི་རྒྱུ་ཕྲུས་ཞན་པའི་ཁར་ས་ལེབ་མཁྲེགས་རྗོག་སོགས་ཀྱི་སྣང་ཚུལ་ཡོད་ན། ལི་གྲོའི་སྨྱུ་གུ་འབུས་ཚད་ལ་ཤུགས་རྐྱེན་ཆེན་པོ་ཐེབས་ཏེ་ལི་གྲོར་ཐོན་འབོར་ཆེན་པོ་ཐོན་དཀའ། འདིབས་འཛུགས་མ་བྱས་ཡར་སྔོན་ལ་ཞིང་སར་ཞིབ་བཤེར་ཚད་ལེན་ངེས་ཅན་བྱས་ཏེ། ས་ཞིང་སྟེང་དུ་ལི་གྲོའི་འཚར་ལོངས་ལ་མཁོ་བའི་འཚོ་བཅུད་འདང་ངེས་ཡོད་པར་ཁག་ཐེག་བྱེད་དགོས་པར་མ་ཟད། དུས་ཐོག་ཏུ་དེར་བསྟུན་གྱི་ལུད་རྫས་གཏོར་ནས་ས་ཞིང་སྟེང་དུ་མི་འདང་བའི་སའི་བཅུད་ཁ་གསབ་བྱེད་དགོས། དེ་ལྟར་བྱས་ན་ད་གཟོད་ལི་གྲོའི་སྐྱེ་འཕེལ་འཚར་ལོངས་དང་། ཐོན་འབོར་དང་རྒྱུ་ཕྲུས་བཅས་ལ་ཁག་ཐེག་ལེགས་པོ་བྱེད་ཐུབ།

གཉིས། ས་བོན་སྔོམས་པ།

ས་ཞིང་སྔོམ་དུས“གྲལ་དག ངོས་མཉམ། ལྷོད་པ། ཆག་རྡུལ། གཙང་མ། ནང་བཟོ”ཞེས་པའི་ཡིག་འབྲུ་དྲུག་པོའི་རྩ་དོན་གཞིར་འཛིན་དགོས། ལི་གྲོ་ལ་ལྦུམ་རྩྭའི་འགོག་སྣན་གཏོར་མི་རུང་པས། ལོ་སྔོན་མར་བཏབ་པའི་ལོ་ཏོག་སྟེང་དུ་རྩྭ་ལྦུམ་སྣན་བཀོལ་ཡོད་ཚེ་ལི་གྲོ་མ་བཏབ་པའི་ཡར་སྔོན་ལ་གཉེར་སྐྱོང་བྱེད་དགོས། དཔྱིད་མགོ་མའི་ས་རྒྱུ་ནི་འཁྱག་རྒྱ་ལས་གྲོལ་མ་ཐག་ཡིན་པས། དྲོད་ཚད་དམའ་མོ་དང་ས་རྒྱུའི་བཅུད་ཀྱི་རྣང་འགྱུར་ཅུང་དལ་བའི་སྐབས་དང་བསྟུན་ནས་གཉེར་ལུད་འདང་ངེས་བཞག་སྟེ་ས་རྒྱུ་དང་ཆུ་ལུད་འདྲེས་ནས་ཆུ་གསོག་ཐུབ་པ་བྱེད་དགོས། གལ་ཏེ་ས་རྒྱུ་ཅུང་ཞན་ན། མཉམ་བསྲེས་ལུད་རྫས་བཀོལ་ཚད་ཇི་མང་དུ་གཏོང་དགོས། ཡུར་ཆུའི་ཆ་རྐྱེན་ཡོད་པའི་ས་ཆར་དགུན་ཆུའམ་དཔྱིད་ཆུ་བཏང་སྟེ། ཡུར་ཆུའི་འདང་བ་ནས་ཡུར་ཆུ་སིམ་པ་བྱེད་དགོས། ས་སློག་པའི་གཉེར་ཚད་ནི་

སྲིར་བཏང་དུ་ལི་སྨི25བྱས་ན་འགྲིག

ས་ཞིང་བསློགས་པ་དང་མཉམ་དུ། གཤིན་སའི་ཁྲོད་ཀྱི་རྩའི་རྩད་པ་དང་སྔོང་བོའི་ཡལ་ག་སོགས་དངོས་པོ་ཆབ་ཆོབ་ལ་གཙང་སྦྲ་བྱེད་རྒྱུར་མཉམ་འཛོག་བྱེད་དགོས། མཇུག་མཐར་ས་ཞིང་ཁོད་སྙོམས་བཟོས་ནས། གང་ཐུབ་ཅི་ཐུབ་སྐོས་ས་ལེབ་ཞིབ་འཐག་དང་གོང་འོག་ངོས་མཉམ། དེ་ལྟར་བྱས་ན་ད་གཟོད་སྨྱུ་གུ་གྲལ་དག་དང་གཞུང་རྟ་ཆ་སྙོམས་སྐོས་སྐྱེས་ཐུབ། སོན་འདེབས་སྔོན་ལ་ཆར་འབབ་ཐེངས་རེར་དུས་ཐོག་ཏུ་ཤལ་ཐེངས་རེ་བརྒྱབ་ནས་གོང་འོག་ངོས་མཉམ་དང་། ཐན་སྐམ་འབྱུང་དུས་ཤལ་རྒྱག་རྒྱུ་ལས་ས་སློག་མི་རུང་བར་བཅག་གནོན་སོན་འདེབས་བྱེད་དགོས།

གསུམ། སོག་ཤུལ་བརྗེ་འདེབས།

ལི་གྲོར་ས་རྒྱུའི་འཚོ་བཅུད་སྟུད་ལེན་གྱི་ནུས་པ་ཆེ་ཞིང་། ས་བོན་ལོ་གཅིག་ཡན་འགོར་ཚེ་ས་རྒྱུའི་གཤིན་ཚད་ཇེ་ཞན་དུ་གཏོང་ངེས། བསྟུད་མར་ལོ་གཉིས་ལ་འདེབས་འཛུགས་བྱས་ཚེ་ཐོན་འབོར་མགྱོགས་མྱུར་ངང་མར་ཆག་ནས་མུའུ་རེའི་ཐོན་འབོར་ནི་ལོ་ཐོག་མའི་ཐོན་འབོར་གྱི་སུམ་ཆའི་གཅིག་ལས་མི་ཐེབ། ལི་གྲོ་འདེབས་ན་སྲན་མ་དང་གྲོ། ཞོག་ཁོག མ་རྨོས་ལོ་ཏོག ལོ་ཏོག་ཁྲི་བོ་སོགས་དང་སོག་ཤུལ་བརྗེ་འདེབས་བྱེད་དགོས། ལི་གྲོ་བསྐྱར་འདེབས་བྱེད་མི་རུང་ལ་བསྟུད་འདེབས་དེ་ལས་ཀྱང་བྱེད་མི་རུང་བས། ལུགས་དང་མཐུན་པའི་སྒོ་ནས་སོག་ཤུལ་བརྗེ་འདེབས་བྱེད་དགོས། ཞོག་ཁོག་གམ་ཡང་ན་གཞུང་རྟ་ཅན་གྱི་རྩི་ཤིང་གཞན་པ་བཏབ་པའི་ས་ཞིང་དང་རིགས་ཚན་མི་གཅིག་པའི་ཞིང་ས་ཡིན་ཚེ་ད་གཟོད་ལི་གྲོ་བརྗེ་འདེབས་བྱས་ཆོག

ས་བཅད་གསུམ་པ། ས་བོན་ལས་སྔོན།

ལི་གྲོའི་ས་བོན་མ་བཏབ་པའི་སྔོན་ལ་ས་བོན་གྱི་གཙང་ཚད་དང་སྨྱུ་གུའི་འབྱུས་ཚད། སྨྱུ་གུའི་སྐྱེ་སྟོབས་སོགས་ལ་ཚད་ལེན་ཚོད་ལྟ་བྱེད་དགོས། ས་བོན་གྱི་ཕྱི་ངོས་དང་ཁ་དོག་གཅིག་གྱུར། ཆེ་ཆུང་སྙོམས་པོ་བཅས་ཡིན་དགོས། གལ་ཏེ་ས་བོན་གྱི་ནང་དུ་ལྷད་སྙིན་དང་ངར་པོ་འགྱུར་བའི་ས་བོན་ཊལ་བ་སོགས་ཀྱི་གནས་ཚུལ་ཡོད་ཚེ་འདེབས་འཛུགས་ས་བོན་ལ་སྤྱོད་མི་རུང་བས། ཐོན་འབོར་དང་ལྷད་མེད། འབྲུ་རྡོག་ཆེ་བའི་ལི་གྲོ་ས་བོན་ནི་འཚག་འདེམ་བྱེད་དགོས་ཤིང་། 2.5%ཡི་ལྤུའུ་སོན་ནྟ་ཡི་ནང་དུ་སྐར་མ5ལ་སྦངས་པ་དང་། དེའི་འཕྲོར་སྦྲིན་མེད་ཆུ་ཡིས་ཐེངས3~4བཀྲུས་ཏེ་སྨུར་སྐམ་བྱས་ནས་ས་བོན་གྲ་སྒྲིག་བྱེད་དགོས།

ས་བོན་ཆུ་ལ་སྦངས་ནས་སྨྱུ་གུ་འབྱུས་སུ་འཇུག་མི་དགོས་པར་ཐད་ཀར་སོན་འདེབས་བྱས་ཆོག་མོད། འོན་ཀྱང་ས་བོན་ལ་སྨྱུ་གུ་འབྱུས་པ་དང་སྐྱེ་འཕེལ་གྲལ་དག་པ། སྨྱུ་གུའི་འབྱུས་ཚད་མགྱོགས་ཆེད། 45℃ཆུ་དྲོན་མོའི་ནང་དུ་ས་བོན་ཆུ་ཚོད30ལ་སྦངས་པ་དང་། དེའི་འཕྲོར5℃ཆུ་དྲོན་མོའི་ནང་དུ་ཆུ་ཚོད25ལ་སྦངས་ནས་ཆུ་ཐིགས་ཟགས་ཚར་ན་ཐུམ་སྒྲིལ་གཙང་མའི་ཁུད་ལ་གཙུད་དེ35℃དྲོད་འཛིན་སྐམ་དུ་སྨྱུ་གུ་འབྱུས་སུ་འཇུག་པ་དང་། ས་བོན་འབྲུ་རྡོག་གི90%ལ་སྨྱུ་གུ་འབྱུས་ཚེ་ད་གཟོད་ཞིང་ནང་དུ་བཏབ་ཆོག

ཐད་ཀར་སོན་འདེབས་ནི་ས་འོག་གནོད་འབྱུས་ས་བོན་བཟའ་བའི་སྣང་ཚུལ་འགོག་ཆེད། ངེས་པར་དུ་ས་བོན་སྨན་སྦྱོར་བྱས་ཏེ་སྨྱུ་གུ་བདེ་ཐག་དང་སྐྱེ་ཐུབ་པར་ཁག་ཐེག་བྱེད་དགོས། ལི་གྲོའི་ས་བོན་མ་བཏབ་གོང་ལ་ནང་དུ་ལོའུ་ཏོན་ཅིན་དང་ཏི་ཕེ་ཏན་བསྲེས་ནས་ནད་དུག་གི་ཁྱབ་ཚད་ཇེ་ཉུང་དུ་གཏོང་བ་དང་། ས་རྒྱུའི་

ནང་གི་ནད་རིགས་ལ་ཚོད་འཛིན་བྱེད་དགོས། ནད་འབུའི་གནོད་འཚེ་ཚབས་ཆེ་བའི་ས་ཁུལ་དུ་སོན་འདེབས་སྔོན་ལ་ས་སྐོག་དུས་སྨན་གཏོར་བའམ་ཡང་ན་ས་བོན་སྨན་རྫོག་ལ་བསྲེས་ནས་སོན་འདེབས་བྱེད་དགོས།

ས་བཅད་བཞི་པ། སོན་འདེབས།

གཅིག སོན་འདེབས་ཀྱི་དུས་ཚོད།

སོན་འདེབས་ཀྱི་དུས་ཚོད་ནི་ལི་གྲོའི་འདེབས་འཛུགས་ཁྲོད་ཀྱི་གནད་འགག་གལ་ཆེན་ཞིག་ཡིན་ཞིང་། ལི་གྲོ་སྨིན་པའི་དུས་ཚོད་དང་ཐོན་འབོར་ལ་ཐད་ཀར་དུ་འབྲེལ་ཡོད། སོན་འདེབས་འཕྱི་དྲགས་པའམ་སྔ་དྲགས་པ་སོགས་ཀྱིས་ལི་གྲོའི་མྱུ་གུ་འབུས་ཚད་ཇི་ཙམ་དུ་སོང་ནས་ལི་གྲོའི་ཐོན་འབོར་དང་རྒྱུ་སྤུས་ལ་ཤུགས་རྐྱེན་ཐེབས་སྲིད། དེ་སྔའི་འདེབས་འཛུགས་ཀྱི་ཉམས་མྱོང་ལ་གཞིགས་ན། ལི་གྲོ་འདེབས་པའི་དུས་ཚོད་སྔ་དྲགས་ཚེ་དྲོད་ཚད་དམའ་བའི་ཤུགས་རྐྱེན་འོག་ཏུ་ས་བོན་གྱི་གསོན་ཤུགས་ཉམས་པར་མ་ཟད། དེ་ལས་ལྡོག་སྟེ་ལི་གྲོའི་སྐྱེ་འཕེལ་དང་འཚར་ལོངས་ཀྱི་མྱུར་ཚད་ལ་འགོར་འགྱངས་ཐེབས་སྲིད།

མཚོ་སྔོན་ས་མཐོའི་གནམ་གཤིས་ཀྱི་ཆ་རྐྱེན་ལྟར་ན། མཚོ་སྔོན་ས་ཁུལ་དུ་ལི་གྲོའི་སོན་འདེབས་དུས་སྐབས་ནི་ཕྱིར་བརྩང་ཟླ4པའི་ཟླ་སྨད་ནས་ཟླ5པའི་ཟླ་དཀྱིལ་བར་ཡིན་དགོས་ཤིང་། ས་རྒྱུའི་དྲོད་ཚད10℃ཡན་དུ་ཙུང་བརྟན་པོ་ཡིན་ན་ཤིན་ཏུ་འཚམ། འོན་ཀྱང་མིག་སྔར་ལི་གྲོའི་ཞིང་ཁར་འཚམ་པའི་རྩ་ལྷུམ་སྨན་མེད་པས་འཕྲིག་ཤོག་བཀབ་ནས་བཏབ་ན་ལེགས། སོན་འདེབས་བྱེད་སྐབས་ཀྱི་ས་རྒྱུའི་རླན་ཚད་ནི15%~20%འཚམ་པོ་ཡིན། གལ་ཏེ་ས་རྒྱུ་སྐམ་པོའི་ནང་སོན་འདེབས་བྱས་ན་ས་བོན་ལ་མྱུ་གུ་འབུས་མི་ཐུབ་པའམ་མྱུ་གུ་འབུས་མ་ཐག་སྐམ་སྲིད། ས་རྒྱུའི་བརླན་

དྲགས་ན་ཡང་ས་བོན་ཏུལ་ངེས་པས། ས་རྒྱུའི་རླན་ཚད་ལ་གཞིགས་ནས་དུས་ཐོག་ཏུ་སོན་འདེབས་བྱེད་དགོས།

གཉིས། སོན་འདེབས་ཀྱི་ཟབ་ཚད།

ས་རྒྱུའི་རླན་ཚད་ལེགས་པའི་ཆ་རྐྱེན་འོག་ཏུ་སོན་འདེབས་ཀྱི་ཟབ་ཚད་ནི་ལི་སྨི1~2ཡིན་ལ། ལི་སྨི3ལས་བརྒལ་མི་རུང་། ས་རྒྱུའི་རླན་ཚད་ཞན་དུས་ཟབ་ཚད་འོས་འཚམ་ཤིག་བསྐྱོགས་དགོས་མོད། འོན་ཀྱང་ལི་སྨི5ལས་བརྒལ་མི་རུང་།

གསུམ། སོན་འདེབས་བྱེད་སྟངས།

སོན་འདེབས་བྱེད་སྟངས་ནི་གཏོར་འདེབས་དང་རོལ་འདེབས། ཁུང་འཛུགས་དང་སྨྱུ་གུ་སྒོ་འཛུགས་བཅས་ཡོད། ཆ་རྐྱེན་འཛོམས་པའི་ས་ཁུལ་དུ་སོན་འདེབས་སྒྲིག་གཞི་ཆ་ཚང་བའི་འཕྲུལ་ཆས་དང་འཁྱིག་ཤོག་འགེབ་པའི་ངོ་བོ་གཅིག་ཅན་གྱི་སོན་འདེབས་འཕྲུལ་འཁོར་བེད་སྤྱོད་བྱེད་བཞིན་ཡོད།

བཞི། སོན་འདེབས་ཚད།

ཁུང་བུ་རེ་རེར་འཁོར་དབྱིབས་སོན་འདེབས་ཡོ་བྱད་སྤྱད་ནས་ས་བོན་རྡོག3~4རེ་སོན་འདེབས་བྱེད་པ་དང་། སྟར་ཕྲེང་གི་བར་ཐག་ལ་ལི་སྨི60~70ཡིན། གཞུང་རྟའི་བར་ཐག་ནི་ལི་སྨི15~20འཛོག་དགོས། མུའུ་རེར་སྨྱུ་གུའི་ལྡོང་བུ་ཀྲང6000~9000བཙུགས་ཆོག་ལ། བྱེ་བྲག་གི་གནས་ཚུལ་དངོས་ནི་ས་བོན་གྱི་རྒྱུ་སྤུས་ཁྱད་ཆོས་དང་འདེབས་འཛུགས་ཀྱི་སྟ་འཕྲི། གཤིན་སའི་ལུད་རྫས་ཀྱི་ནུས་པ་སོགས་ཕྱིའི་ཁོར་ཡུག་གི་ཆ་རྐྱེན་ལ་རག་ལས་ཡོད་དོ། །

ས་བཅད་ལྔ་པ། ལུགས་མཐུན་སྙིས་ལུད་རྫས་འཛུགས་པ།

གཅིག གཞིང་ལུད།

གཞིང་ལུད་ལུད་རྒྱུའི་རིགས་ནི་ངེས་པར་དུ་ཚ་དྲོད་མཐོན་པོའི་འོག་ཏུ་བསྐོལ་ནས་བཟོས་པའི་ལུག་ལུད་དང་། དེའི་འཁོར་ཞིང་པའི་ཁྲིམ་ཚང་གི་སྐྱེ་ལྡན་ལུད་ཡིན་དགོས། རྫས་འགྱུར་ལུད་རྫས་སྤྱོད་མི་རུང་། དེའི་ཁྲོད་དུ་སྐྱེ་མེད་ལུད་དམ་དཔེར་ན་ཟེ་སྨུར་ཡིན་སོགས་འདུ། གཞིང་ལུད་ནི་སོན་འདེབས་མ་བྱས་པའི་ཡར་སྔོན་ལ་ཞིང་སའི་ཟབ་ཚད་ལ་ཟུང་འབྲེལ་བྱས་ཏེ་ཐེངས་གཅིག་ལ་གཏོར་དགོས། སྤྱིར་བཏང་དུ་ཞིང་པ་དུད་ཁྲིམ་གྱི་ལུད་གཙོ་བོ་ཡིན་ལ། གལ་ཏེ་ཡིན་ལུད་དང་ཞིང་ཁྲིམ་ལུད་རྫས་བསྲེས་སྦྱོར་གྱིས་བཟོས་པའི་གཞིང་ལུད་ཡིན་ན་ཕན་འབྲས་བཟང་། གཞིང་ལུད་ནི་སྟོན་ཁའམ་དཔྱིད་མགོའི་དུས་སུ་གཏོར་ན་ཅུང་ལེགས། སོན་འདེབས་མ་བྱས་སྔོན་ལ་གཞིང་ལུད་འདང་ངེས་དང་མང་ཙམ་གཏོར་དགོས། ཐོག་མར་སྐྱེ་ལྡན་ལུད་དང་གསུམ་འདུས་འདྲེས་སྦྱོར་ལུད་རྫས། ཏན་ལུད་བཅས་མུའུ་རེའི་ནང་སྟོང་ཁེ7.5ཡིན་ལུད་མུའུ་རེའི་སྟེང་དུ་སྟོང་ཁེ15ཡི་གཞིང་ལུད་ཐེངས་གཅིག་ལ་ཡོད་ཚད་གཏོར་དགོས། མུའུ་རེར་ཚོང་རྫས་སྐྱེ་ལྡན་ལུད་སྟོང་ཁེ100~200གཏོར་དགོས། སྤྱིར་བཏང་དུ་མུའུ་རེར་རུལ་བསྐོལ་ཐེབས་པའི་ཁྲིམ་ལུད་སྟོང་ཁེ1000~2000དང་། ཟེ་སྨུར་ཙྪ་དབྱིབས་འདྲེས་སྦྱོར་ལུད་སྟོང་ཁེ20~30གཏོར་དགོས། ཆ་རྐྱེན་འཛོམས་པའི་ས་ཁུལ་གྱིས་ས་རྒྱུར་བརྟགས་ནས་གནད་ཁེལ་སྙིས་ལུད་རྫས་སྡེབ་སྦྱོར་བྱས་ཏེ་གཏོར་དགོས།

གཉིས། སྟེང་ལུད།

སྨུ་གུ་འབུས་རྗེས་དུས་ཐོག་ཏུ་སྟེང་ལུད་གཏོར་ནས་སྨུ་གུ་སྐྱེ་སྟོབས་ཅན་དང་

ལྔང་སྨྱུག་གི་འཚོ་བཅུད་ལ་ཁག་ཐེག་བྱེད་དགོས། གང་འདོད་དུ་སྐྱེ་མེད་ལུད་གཏོར་བ་དང་རྩི་ཤིང་གི་སྐྱེ་སྟོབས་སྐྱོམ་སྤྲིག་སྨན་ཆུ་གཏོར་མི་རུང་། སྟེང་ལུད་ཀྱིས་ཐོན་འབོར་ལ་ནུས་པ་ཆེན་པོ་ཐོན་པའི་དུས་སྐབས་ནི་སླེ་མ་མ་གྲུབ་སྔོན་གྱི་ཉིན15~20བར་གྱི་སླེ་མ་སྨྲུམ་པའི་དུས་རིམ་ཡིན་པས། སྤྱིར་བཏང་དུ་ཏན་ལུད་བཤའ་མ་མུའུ་རེར་སྟོང་ཁེ5ཙམ་གཏོར་ན་འོས་འཚམ་ཡིན། ཏན་ལུད་ཚུང་མང་ན། འདབ་མ་གྱེས་མགོ་ཚུགས་དུས"གདན་ལུད"དང་། སླེ་མ་ཐོགས་དུས"འབྲུ་རྗོག་རྒྱས་པའི་ལུད"གཏོར་དགོས། ལི་གྲོར་སླེ་མ་ཐོགས་པའི་དུས་མཇུག་ཏུ་ལོ་མའི་ངོས་སུ་ལིན་ལུད་དང་ཚད་ཤུང་མ་རྒྱུའི་ལུད་ཆུ་གཏོར་ན་མེ་ཏོག་བཞད་ནས་འབྲུ་རྗོག་ཆགས་རྒྱུར་སྐུལ་འདེད་ངེས་ཅན་གཏོང་ཐུབ།

གཞུང་རྟར་འཇུམ་བུ་གྲོལ་བ་ནས་མེ་ཏོག་བཞད་པའི་དུས་ལ་རིང་ཚད་ནི་སྤྱིར་བཏང་དུ་ཉི་སྨི50ལ་སླེབས་ཡོད་པས། གཞུང་རྟའི་སྐྱེ་སྟོབས་ལ་ཟུང་འབྲེལ་བྱས་ཏེ་ སྲུབས་འདྲེན་བརྒྱུད་ནས་ཆུ་ཐིགས་ཐེངས3~4ལ་གཏོར་དགོས།

ས་བཅད་དྲུག་པ། ལི་གྲོར་འགྲིག་ཤོག་བཀབ་ནས་འདེབས་གསོ་བྱེད་པའི་ལག་རྩལ།

ལི་གྲོ་འདེབས་འཛུགས་བྱེད་སྐབས་ས་ཁུལ་ཧྲིལ་པོར་འགྲིག་ཤོག་བཀབ་སྟེ་སྐྱེ་འཕེལ་ཧྲིལ་པོར་ཁེབས་སུ་བཅུག་ནས་འདེབས་གསོ་མཇུག་སྒྲིལ་དགོས། རྒྱུན་ལྡན་གྱི་འགྲིག་ཤོག་འགེབ་སྟངས་ལ་རྣང་མཉམ་ཁེབས་འགེབ་དང་མཐོ་རྣང་ཁེབས་འགེབ་གཉིས་ཡོད།

གཅིག རྣང་མཉམ་ཁེབས་འགེབ།

ས་ཁོད་སྐོམས་ནས་ལུད་རྫས་གཏོར་རྗེས། ཞེང་ལ་སྨི3ཡོད་པའི་རྣང་མ་

བཟོས་ཏེ། སྣར་ཕྲེང་གི་བར་ཐག་ལི་སྨི50དང་གཞུང་རྟའི་བར་ཐག་ལི་སྨི30ལྟར་འདེབས་གསོའི་ས་གནས་གཏན་ཁེལ་བྱེད་པ་དང་། རྣང་མ་རེ་རེའི་ཁྲོད་དུ་སྣར་ཕྲེང3~4འཛུགས་དགོས། འགྲིག་ཤོག་འགེབ་དུས་ཞིང་སའི་ཞེང་ཚད་ལ་གཞིགས་ནས་རྣང་མ་རྫིལ་པོར་བཀབ་ཚོག་ལ་རྣང་མ་སོ་སོ་མཐུད་ནས་བསྡུད་མར་བཀབ་ཀྱང་ཆོག

གཉིས། མཐོ་རྣང་ཁེབས་འགེབ།

ཞིང་ས་སློམས་ནས་ལུད་རྫས་གཏོར་རྗེས། མཐོ་ཚད་ལ་ལི་སྨི15~25ཡོད་པའི་མཐོ་རྣང་བཟོ་བ་དང་རྣང་མའི་གཏིང་ཞེང་ལ་ལི་སྨི80~100 ས་ཁོད་རྣང་མའི་ཞེང་ཚད་ལ་སྨི1 རྣང་གཞོང་གི་ཞེང་ལ་ལི་སྨི33ཡོད་པའི་མཐོ་ཀང་བཟོ་དགོས། མཐོ་རྣང་རེ་རེར་སྣར་ཕྲེང2རེ་དང་བར་ཐག་ནི་ལི་སྨི50 གཞུང་རྟའི་བར་ཐག་ལི་སྨི30ལྟར་མཐོ་རྣང་གཅིག་རེ་དང་ཡང་ན་མཐོ་རྣང་གཉིས་ལ་འགྲིག་ཤོག་འགེབ་དགོས།

གསུམ། ས་ཁོད་འདེམ་པ།

ཐོན་སྐྱེད་ཐད་ནས་ཡོངས་ཁྱབ་ཏུ་བཀོལ་བཞིན་པའི་འགྲིག་ཤོག་ནི་མཐོ་གནོན་སྲུག་ཚད་དམའ་བའི་ཞི་འདུས་ཁ་པའི་འགྲིག་ཤོག་ཡིན་ལ། འདིའི་ཁ་དོག་ལ་མདོག་མེད་ཕྱི་གསལ་འགྲིག་ཤོག་དང་འགྲིག་ཤོག་ནག་པོ་གཉིས་ཡོད། མདོག་མེད་ཕྱི་གསལ་འགྲིག་ཤོག་གིས་ས་རྒྱུར་དྲོད་འཛིན་ཕན་ནུས་ཐོན་ཐུབ་པས། སྤྱིར་བཏང་དུ་གཤིན་སའི་ཕྱི་རིམ་གྱི་དྲོད་ཚད2~4℃རྗེ་མཐོར་འགྲོ་ངེས། འགྲིག་ཤོག་ནག་པོ་ནི་ཞི་འདུས་ཁ་པའི་ཐང་ཆུའི་ཁྲོད2%~3%ཀྱི་སོལ་ནག་བསྣན་ནས་གསར་བཟོ་བྱས་ཤིང་། ཉི་འོད་འཕྲོ་ཚད་ཅུང་དམའ་ཞིང་ཚ་ཚད་ས་རྒྱུར་བརྒྱུད་དཀའ། འགྲིག་ཤོག་རང་སྟེང་ནས་ཉི་འོད་འཕྲོས་ཚེ་སྙི་མོར་འགྱུར་སྲིད། འགྲིག་ཤོག་ནག་པོས་ས་རྒྱུར་དྲོད་བསྐྱེད་པའི་ཕན་འབྲས་ནི་མདོག་མེད་ཕྱི་གསལ་འགྲིག་ཤོག་མི་དོ་བ་

དང་། སྤྱིར་བཏང་དུ་ས་ངོས་ཀྱི་དྲོད་ཚད1~3℃ལས་འཕར་མི་ཐུབ། འོན་ཀྱང་འཁྱིག་ཤོག་ནག་པོར་དྲོད་སྐྱེད་བརྟན་འཛིན་གྱི་ནུས་པ་ལས་གཞན། ད་དུང་རྩྭ་ལྡུམ་འགོག་པའི་ཕན་ནུས་ལྡན། ལྗང་སྨྱུག་རྒྱས་ཤིང་ཆུ་ལུད་ཀྱིས་འདང་བའི་ཞིང་སར་འཁྱིག་ཤོག་ནག་པོ་འཚམ་ལ། འདེབས་འཕྱི་བའི་ལྗང་སྨྱུག་ཉམ་ཐག་གི་ཞིང་ས་ལ་མདོག་མེད་ཕྱི་གསལ་འཁྱིག་ཤོག་བཟང་བས། ཁེ་ཕན་དྲོད་སྐོལ་གཉིས་སྨན་དང་སྨྱུ་གུའི་འཚར་ལོངས་ལ་སྐུལ་འདེད་གཏོང་ངེས།

བཞི། འཁྱིག་ཤོག་འགེབ་པའི་དུས་ཚོད།

སྤྱིར་བཏང་དུ་དགུན་མ་ཚར་བའི་སྟོན་དང་དཔྱིད་མགོའི་སྨྱུ་གུ་མ་འབུས་པའི་ཡར་སྟོན་ལ་འཁྱིག་ཤོག་འགེབ་དགོས་ཤིང་། གྲང་ངར་ཆེ་བའི་ས་ཁུལ་དུ་དགུན་མ་ཚར་བའི་ཡར་སྟོན་ལ་འཁྱིག་ཤོག་བཀབ་ན་ཕན་འབྲས་དེ་ལས་ལེགས། ཉིན་རེའི་ཆ་སྙོམས་དྲོད་ཚད3~5℃མར་བབ་དུས་བཀབ་ན་ཏ་ཅང་འཚམ་ལ། དཔྱིད་ཀར་ཞིང་ས་ཡོངས་སུ་མཉམ་རྗེས་ད་གཟོད་འཁྱིག་ཤོག་འགེབ་དགོས།

ལྔ། འཁྱིག་ཤོག་འགེབ་སྟངས།

འཁྱིག་ཤོག་མ་བཀབ་པའི་ཡར་སྟོན་ལ་ས་ངོས་ཀྱི་རྩྭ་ལྡུམ་འབལ་བ་དང་ཤལ་བརྒྱབ་ནས་ངོས་མཉམ་པོར་བཟོས་ན་འཁྱིག་ཤོག་འགེབ་རྒྱུར་ཏ་ཅང་ཕན།

ས་བཅད་བདུན་པ། འདེབས་འཛུགས་ཀྱི་སྟུག་ཚད་ལུགས་མཐུན་ཡིན་དགོས།

ལི་གྲོ་སྨུའུ་རེའི་སྟེང་དུ་འདེབས་ཚད་ཁེ300~400ནི་ཤིན་ཏུ་འཚམ་ཞིང་། སྨུའུ་རེར་སྟུག་ཚད་སྟོང་ཕྲག5500~6500ཙམ་འཛིན་ཐུབ་ཏེ། ཐུ་ག་རེར་འབྲུ་རྗོག4~6དང་བར་ཐག་ལི་སྨི50ཡིན་པ་དང་། གཞུང་ཏའི་བར་ཐག་ལི་སྨི30བཅས་

གཞིར་བཟུང་སྟེ་སོན་འདེབས་བྱེད་དགོས། ས་བོན་གྱི་སྐྱེ་སྟོབས་ལ་ཁག་ཐེག་བྱེད་ཐུབ་པའི་ཆ་རྐྱེན་འོག་ཏུ། འདེབས་འཛུགས་ཟབ་ཚད་འཚམ་པོ་ཡིན་དགོས་ཏེ། ཟབ་དྲགས་ན་སྨྱུ་གུ་འབུས་དཀའ་བ་དང་ས་ཁར་གཡེང་དྲགས་ན་ཐན་སྐྱོན་དང་ཆར་རླུང་གི་འགོག་སྲུང་ལ་གཡོལ་དཀའ། སོན་འདེབས་འཕྲུལ་འཁོར་གསར་བའམ་ཡང་ན་ཟར་མའི་རིགས་ཀྱི་སྐྱེ་དངོས་སོན་འདེབས་འཕྲུལ་འཁོར་སྤྱད་དེ་སོན་འདེབས་བྱེད་དགོས། སའི་རླན་ཚད་ཅུང་ཞན་ན་སོན་འདེབས་བྱས་རྗེས་སྟེང་དུ་ཤལ་བརྒྱབ་སྟེ་ས་བོན་དང་ས་འདྲེས་དགོས། སྨྱུ་གུའི་བར་མཚམས་ཀྱི་དོ་དམ་བཅས་ནི་ཐོན་འབོར་མངོན་འགྱུར་ཡོང་བའི་བྱེད་ཐབས་གནད་འགག་ཅན་ཞིག་ཡིན། སྨྱུ་གུ་སའི་ཁར་བུད་རྗེས་དུས་ལྟར་ལྟ་རྟོག་བྱས་ནས་ཆད་ལྷག་ལ་ཁ་གསབ་བྱེད་དགོས། གལ་ཏེ་ཆད་ལྷག་ལ་ཁ་གསབ་བྱེད་ཐུབ་ཚེ་དུས་ལྟར་གསབ་འཛུགས་བྱས་རྗེས་ཆུ་ཅུང་ཙམ་གཏོར་དགོས། རབ་ཡིན་ན་ཆར་རྗེས་སུ་སྨྱུ་གུ་གསབ་འདེབས་བྱས་ན་ལེགས། སྨྱུ་གུར་ལོ་མ5~6འབུས་ཚེ་སྨྱུ་གུ་ཕན་ཚུན་བར་གྱི་ནད་དུག་དང་སྨྱུ་གུ་ཞན་པོའི་རིགས་སེལ་དགོས། ལོ་མ8~10འབུས་དུས་སྨྱུ་གུ་གཏན་ཁེལ་བྱས་ཆོག་པས། དུ་ག་རེར་སྨྱུ་གུ་ཀང1~2རེ་བཞག་ས་ཏེ་སྨྱུ་གུར་ལྡང་སྨྱུག་རྒྱས་སུ་འཇུག་དགོས། འབྲུ་རིགས་སུ་སྤྱོད་པའི་ལི་གྲོ་སྤྱིར་བཏང་དུ་མུའུ་རེར་ཀང7000~12000འདེབས་འཛུགས་བྱས་ཆོག་ལ། གཟན་ཆས་ལི་གྲོའི་འདེབས་འཛུགས་ཀྱི་སྟུག་ཚད་ནི་ཇེ་མང་དུ་བཏང་ཆོག་པས། སྤྱིར་བཏང་དུ་མུའུ་རེའི་སྟེང་དུ་སྡོང་ཀང་ཁྲི1.5~ཁྲི1.8བཞག་ས་ཆོག

རྒྱ་མཚོའི་ངོས་ལས་མཐོ་ཚད་མཐོ་བ་དང་གྲང་ངར་ཆེ་བའི་ས་ཁུལ་དུ་འདེབས་འཛུགས་གསོ་སྐྱེལ་གྱི་སྟུག་ཚད་ནི་མུའུ་རེར་ཀང4500ཡས་མས་ཡིན་ཆོག་ལ། ཐན་པ་ཆེ་བ་དང་ཐན་སྐམ་ཁྱེད་མ། ཡུར་འདྲེན་ས་ཁུལ་བཅས་ཀྱི་འདེབས་འཛུགས་གསོ་སྐྱེལ་སྟུག་ཚད་ནི་མུའུ་རེར་ཀང6500ཡས་མས་ཡིན། རྒྱ་མཚོ་ངོས་ལས་མཐོ་ཚད་ཅུང་མཐོ་བའི་ས་ཁུལ་དང་ཐན་སྐམ་ས་ཁུལ་དུ་མུའུ་རེའི་འདེབས་

འཇོག་ས་སྟུག་ཚད་ཀ་ཊ8000ཡས་མས་ཟིན་དགོས་པ་བཅས་ཀྱི་བསམ་འཆར་དང་བླང་བྱ་བཏོན་ཡོད།

ས་བཅད་བརྒྱད་པ། ལུགས་དང་མཐུན་པའི་ཡུར་ཆུ་འདྲེན་པ།

ལི་གོྲའི་སྐྱེ་འཕེལ་གྱི་དུས་ཡུན་རིལ་པོར་ཆུ་གཏོང་བའི་ཐེངས་གྲངས་དང་ཆུ་གཏོང་ཚད་ནི་ས་རྒྱུའི་རླན་ཚད་དང་ཆར་ཆུའི་མང་ཉུང་ལྟར་གཏན་འཁེལ་བྱེད་དགོས་ལ། འཇོམ་བུ་གྲོལ་བའི་དུས་ནི་རླན་ཚད་ཀྱི་འགྱུར་མཚམས་དུས་ཡིན་པས། ས་རྒྱུའི་རླན་ཚད་ཐད་ནས་ཚོར་ཤེས་སྐྱེན་པོ་ཡོད། མེ་ཏོག་བཞད་པའི་དུས་ཀྱི་རླན་ཚད་ནི་དགོས་ངེས་ཏེ། ལི་གྲོའི་སྐྱེ་སྟོབས་དང་ཞིང་ནང་གི་རླན་ཚད་གཞིར་བཟུང་ནས། སྤྱིར་བཏང་དུ་ཆུ་ཐེངས2~3གཏོང་དགོས་ལ། ཆུའི་སྤྱིའི་ཚད་གཞི་ནི་མུ་ཙེར་སྐྱི་གྲུ་བཞི་ལྷམ་པ180~200ཡིན། ལི་གྲོའི་དུས་དཀྱིལ་ནས་དུས་མཇུག་ཏུ་ཆུ་གཏོང་སྐབས་རླུང་ཆེན་གཡུག་པའི་གནམ་གཤིས་ལ་གཡོལ་གང་ཐུབ་བྱས་ཏེ། ཆུ་བཏང་བ་བརྒྱུད་ནས་གཞུང་རྡ་འགྱེད་པའི་སྣང་ཚུལ་འབྱུང་དུ་འཇུག་མི་རུང་།

ལི་གྲོའི་ཡུར་འདྲེན་ནི་ས་རྒྱུའི་རླན་ཚད་ལ་གཞིགས་ནས་སྐྱེ་འཕེལ་དུས་ཡུན་རིལ་པོར་ཐེངས6~8ལ་ཆུ་ཐིགས་ཟགས་འདྲེན་བྱེད་དགོས། གལ་ཏེ་འདེབས་འཇོགས་ས་ཁུལ་དུ་སྲུབས་འདྲེན་ཆུ་ཐིགས་ཟགས་འདྲེན་གྱི་ཆ་རྐྱེན་མེད་ཚེ། ཡུར་འདྲེན་འཕྲུལ་ཆས་སྤྱད་དེ་ལུད་ཐེངས་གཅིག་གཏོར་དུས་གཅིག་ལྷོགས་ཀྱིས་འགྲུབ་དགོས་པ་དང་། མུ་ཙེར་ཨན་གཉིས་སྟོང་ཁ150འཇོག་དགོས། ལི་གྲོར་མེ་ཏོག་བཞད་པའི་དུས་ཡུན་གྱི་རྗེས་སུ་ཆུ་ལུད་འོས་འཚམ་རེ་ཐེངས1~2ལ་གཏོང་དགོས། ལི་གྲོར་སྨུ་གུ་འབྱུས་ནས་རིང་ཚད་ལི་སྨི10ལ་སླེབ་དུས། རིམ་བཞིན་སྐྱེ་སྟོབས་ཇེ་དལ་དུ་འགྲོ་བ་དང་། སྐབས་དེར་ཆུ་ལུད་ཀྱི་དགོས་མཁོ་ཡང་ཇེ་དམའ་

ཏུ་འགྲོ་སྲིད། སྨྱུ་གུ་འབུས་པ་ནས་ལྟང་སྨྱུག་རྒྱས་པའི་བར་གྱི་ཉིན40ཡས་མས་ལ་ས་རྒྱུའི་རླན་ཚད་ནི55%ལས་དམའ་བའི་སྐབས་སུ་སྦུབས་འདྲེན་བརྒྱུད་ནས་ཆུ་གཏོར་དགོས། ལྟང་བུའི་གཞུང་རྟ་སྐྱེས་ནས་ལི་སྨི15ཡས་མས་ལ་སླེབ་དུས། སྐྱེ་སྟོབས་ཀྱི་སྨྱུར་ཚད་ཡང་བསྐྱུར་ཇེ་མགྱོགས་སུ་འགྲོ་བ་དང་ཆུ་ལུད་མང་ཙམ་གཏོར་དགོས། སྐྱེ་སྟོབས་མགྱོགས་པའི་སྨྱུ་གུར་ཆུ་གཏོང་བའི་དུས་ཚོད་ལེགས་སྒྲིག་དང་ཁ་གྲངས་ཇེ་ཉུང་དུ་བཏང་ཆོག

ས་བཅད་དགུ་པ། ཞིང་ཚིགས་ཀྱི་དོ་དམ།

གཅིག སྨྱུ་གུའི་དུས་ཀྱི་དོ་དམ།

ལི་གྲོར་སྨྱུ་གུ་འབུས་རྗེས་དུས་ཐོག་ཏུ་ལྟང་བུར་ཞིབ་བཤེར་བྱས་ནས། ས་བོན་བཏབ་མེད་ས་དང་སྨྱུ་གུ་ཆག་པ་སོགས་ཡོད་ཚེ་བསྐྱར་འདེབས་ཁ་གསབ་བྱེད་དགོས། སྤྱིར་བཏང་དུ་ལི་གྲོ་འདེབས་འཛུགས་བྱས་ཏེ་ཉིན3འགོར་ན་སྨྱུ་གུ་འབུས་པ་དང་ཉིན5ཡི་རྗེས་སུ་སྨྱུ་གུ་སའི་ཁར་འབུད་ངེས། ཉིན7~10ཡི་རྗེས་སུ་སྨྱུ་གུ་འབུས་པའི་གནས་ཚུལ་ལ་ཞིབ་བཤེར་དང་གལ་ཏེ་སྨྱུ་གུའི་མི་འདང་བའི་གནས་ཚུལ་ཡོད་ན། ས་རྒྱུའི་རླན་ཚད་ལེགས་པོའི་དུས་སྐབས་དང་བསྟུན་ནས་དུས་ཐོག་ཏུ་བསྐྱར་འདེབས་ཁ་གསབ་བྱེད་དགོས། སྔོར་འཛུགས་བྱས་རྗེས་ཆུ་འོས་འཚམ་རེ་གཏོང་བ་དང་ཞིང་ཚིགས་བར་གྱི་རྩྭ་ལྷམ་མཐའ་དག་གཙང་སེལ་བྱས་ནས་ལི་གྲོའི་སྐྱེ་སྟོབས་ཁག་ཐེག་བྱེད་དགོས།

གཉིས། སྨྱུ་གུ་མཐུག་སེལ་དང་སྨྱུ་གུ་གསེབ་འཐྲལ།

སྨྱུ་གུ་རྒྱས་ནས་ལོ་འདབ་རེ་གཉིས་ཐོགས་པའི་དུས་སུ། སྨྱུ་གུ་སྐྱེས་མེད་པའི་ས་གནས་མང་ན་སྨྱུ་གུ་བསྐྱར་འདེབས་ཁ་གསབ་བྱེད་དགོས། ཐོག་མར་ས་བོན་

ཆུ་ནང་དུ་སྦངས་ནས་ཆུ་ཚོད3~4ལ་འཇོག་པ་དང་། དེའི་འཕྲོར་བླངས་ནས་རས་རྫིན་པས་བཏུམ་དགོས། དྲོད་ཚད20~25℃ལྡན་པའི་ཆ་རྐྱེན་འོག་ཏུ་ཆུ་ཚོད10ལྷག་ལ་བཏུམས་པ་དང་། ས་བསློགས་ཏེ་བསྐྱར་འདེབས་ཁ་གསབ་བྱེད་དགོས། ས་བོན་ལ་སྨྱུ་གུ་འབུས་རྗེས་ས་སོབ་ཐེངས1~2ལ་གཏོང་བ་དང་ས་སོབ་ཀྱི་ཟབ་ཚད་ལི་སྨི8~12ཡིན། ས་སོབ་བྱེད་སྐབས་གཞུང་རྒའི་རྩད་པར་གནོད་སྐྱོན་ཐེབས་མི་རུང་། སྨྱུ་གུ་མེད་པ་ནས་ཆག་པ་ས་ཁུལ་དག་ལ་སྨྱུ་གུ་ལོ་འདབ4~5ཅན་ཆར་རྗེས་སུ་སྤོ་འཛུགས་ཁ་གསབ་བྱེད་དགོས།

ལི་གྲོའི་སྨྱུ་གུ་བུད་རྗེས་སྔ་མོ་ནས་སྨྱུ་གུ་མཐུག་སེལ་བྱེད་དགོས། ལོ་འདབ2~4རྒྱས་པའི་དུས་སྐབས་སུ། ལྷི་བ་དང་འབུ་མགོ་ལྡོག་གི་གནོད་འཚེ་ཐེབས་ནས་སེར་པོར་གྱུར་པར་འགོག་སྲུང་དང་ཆུ་གཏོང་མི་རུང་། ལྷང་སྨུག་སྐྱེས་ནས་རིང་ཚད་ལི་སྨི6~10ལ་སླེབ་དུས། ད་གཟོད་སྨྱུ་གུ་མཐུག་སེལ་ཐག་གཅོད་བྱེད་པའི་ལས་ཀའི་མགོ་བརྩམས་ཆོག་ལ། གཞུང་རྒ2~3འཇོག་དགོས། གལ་ཏེ་སྐྱེ་འཕེལ་དུས་རིམ་འདིར་སྨྱུ་གུ་མེད་པ་དང་ཆག་པའི་གནད་དོན་བྱུང་ཚེ། སྨྱུ་གུའི་བར་མཚམས་སུ་ས་བོན་བསྐྱར་འདེབས་ཁ་གསབ་བྱེད་དགོས། སྨྱུ་གུའི་རྩད་པ་ལ་ངེས་པར་དུ་སྲུང་སྐྱོབ་ཐུབ་དགོས། དེར་མ་ཟད་ཡུར་ཆུའི་འདྲེན་ཚད་ཀྱང་ལུགས་མཐུན་སྒྲིག་ཚོད་འཛིན་བྱེད་དགོས་ཤིང་། ཆུ་གཏོང་ཚད་ཀྱང་ལུགས་མཐུན་སྒྲིག་ཚོད་འཛིན་བྱེད་དགོས། སྨྱུ་གུ་སྐྱེས་ནས་ལོ་འདབ5~6ཐོགས་པའི་སྐབས་སུ་སྨྱུ་གུ་མཐུག་སེལ་བྱེད་པ་དང་ཆེ་བསྐྱར་ཆུང་འདོར་གྱི་རྩ་དོན་གཞིར་བཟུང་སྟེ་གཞུང་ཕང་སོ་སོའི་བར་ཐག་ལི་སྨི15~25སྲུང་འཛིན་བྱེད་དགོས། ལོ་མ6སྐབས་སུ་ཐོག་མར་མིས་རྩོལ་བའི་རྩྭ་ལྷམ་མེད་པར་བཏང་ནས་སྨྱུ་གུ་མཐུག་སེལ་དང་སྨྱུ་གུ་གསེབ་འཕྲལ་བྱེད་དགོས། ཞིང་ནང་གི་རྩྭ་ལྷམ་མེད་པར་བཟོས་ཏེ་དྲོད་ཚད་ཇེ་མཐོར་གཏོང་བ་དང་། ལི་གྲོའི་འཚར་ལོངས་ལ་ཕར་སྐྱོང་ཞིགས་པོར་སྐྱུན་དགོས། སྨྱུ་གུ་མཐུག་སེལ་

དང་སྨུ་གུ་གསེབ་འཕྲུལ་ཡོངས་འགྲུབ་བྱས་རྗེས་ཐོག་མར་ཆུ་གཏོང་བ་དང་། སྨུ་གུ་མཐུག་སེལ་བྱེད་པའི་དུས་ཚོད་ནི་སྤྱིར་བཏང་དུ་ལོ་མ8~10སྐྱེ་དུས་ཡིན། གཞུང་ཁང་སོ་སོའི་བར་ཐག་ལ་ལི་སྨི15ཡི་ཡན་དང་འདེབས་འཛུགས་ཁུང་བུ་རེ་རེར་སྐྱེ་སྐྱོབས་ཅན་གྱི་ལྗང་ཁང་གཅིག་རེ་བཙུགས་ནས། ལྗང་ཁང་གི་གྲངས་འབོར་སྤྱི་ཆིང་རེར་ཁང་ཁྲི12ཡི་ཡན་ཁག་ཐེག་ཐུབ་པ་བྱེད་དགོས། ལི་གྲོའི་སྐྱེ་སྐྱོབས་ཀྱི་མཐོ་ཚད་ལི་སྨི25ལ་སླེབ་དུས་སམ་ལོ་འདབ8~12དུས་སུ། ས་སོབ་སྔོན་རྒྱུར་ཐུང་འབྲེལ་བྱས་ཏེ་ཡུར་མ་ཐེངས་གཉིས་པ་ཡུར་དགོས། མེ་ཏོག་བཞད་པའི་དུས་སུ་རྫས་འགྱུར་སྨན་གཏོར་ནས་ལོ་ལྤིབས་གནོད་འབུ་རྩ་མེད་དུ་གཏོང་བཟོ་དགོས། མེ་ཏོག་མ་བཞད་པའི་ཡར་སྔོན་ལ་ཆུ་ངེས་པར་དུ་ཐེངས་གསུམ་ལ་གཏོང་དགོས། མེ་ཏོག་བཞད་པའི་དུས་མཇུག་སྒྲིལ་བ་ན་ཆུ་ཐེངས་བཞི་པ་བཏང་ནས། ཆུ་བཏང་བ་བརྒྱུད་གཞུང་ཧ་འགྲེལ་བ་སྔོན་འགོག་དང་རྩྭ་ལྷམ་གཙང་སེལ་བྱེད་དགོས་སོ། །

གསུམ། ཡུར་མ་ཡུར་བ།

ལི་གྲོའི་ཞིང་ནང་དུ་སྐྱེས་པའི་རྩྭ་ལྷམ་གཙོ་བོར་རི་སྐྱེས་ཡུ་གུ་དང་ཚེར་མ་ཁ་ལེབ། ཐལ་ལྕུག་དང་རི་སྐྱེས་སྤོ་ཚལ། བྱི་རུག་པ་དང་ཐང་ཚལ། རི་སྐྱེས་པད་ཁ་སོགས་ཡོད། ལི་གྲོ་ལ་མིག་སྔར་ཆེད་སྤྱོད་རྩྭ་ལྷམ་གཙང་སེལ་སྨན་མེད། སྨུ་གུའི་དུས་སུ་སྔ་མོ་ནས་ཡུར་མ་ཡུར་བ་དང་ས་སོབ་བཟོ་བ། དྲོད་ཚད་མཐོར་འདེགས་སུ་བཏང་སྟེ་སྨུ་གུའི་རྩད་པ་བརྟན་པོ་ཆགས་རྒྱུར་སྐུལ་འདེད་གཏོང་དགོས། ཡུར་མ་ཐེངས2~3ཡུར་ན་འཚམ་ཞིང་། ས་སོབ་པོ་བཟོ་དུས་རྩད་པར་གནོད་སྐྱོན་མི་ཐེབས་པའི་རྩ་དོན་ལྟར། རྩྭ་ལྷམ་མེད་པར་བཟོ་བའི་གོ་རིམ་ཁྲོད་དུ་སའི་དྲོད་ཚད་ཇེ་མཐོར་གཏོང་ཐུབ་པར་མ་ཟད། ད་དུང་ས་གསོ་བ་དང་བརླན་འཛིན་པ། གཞུང་ཧ་མི་འགྲེད་པའི་ཕན་འབྲས་བཅས་ཐོན་ཐུབ་པར་བྱེད་དགོས། ཡུར་མ་ཡུར་དུས་སྨུ་གུའི་བར་མཚམས་སོ་སོར་ཐུང་འབྲེལ་གྱིས་རྩྭ་ལྷམ་མེད་པར་གཏོང་བ་དང་འཛོར་

གྱི་ས་སློག་ཚད་ལ་བྱང་ཆ་ལྡན་པའི་ངང་ས་རྗོག་གཅབ་པ་དང་། སྨྱུ་གུ་ཕྲ་མོ་གཞིར་བཟུང་ནས་རྩྭ་ལྷམ་གཙང་སེལ་དང་ས་ངོས་སྙོམས་པོ་བྱས་ཏེ། སྨྱུ་གུར་གནོད་འཚེ་དང་སྨྱུ་གུར་གནོན་བཙིར་ཐེབས་སུ་འཇུག་མི་རུང་། ཡུར་མ་ཡུར་རྗེས་ཆར་ཆེན་བབས་ན། ཆར་འབབ་མཚམས་ཆད་རྗེས་ས་ངོས་ཅུང་སྐམ་དུས་ས་སོབ་གསར་སྤོན་བྱེད་དགོས། སྨྱུ་གུར་ལོ་འདབ5~6སྐྱེ་བ་དང་མཐོ་ཚད་ལ་ལི་སྨི10ཡས་མས་ཟིན་དུས་སྨྱུ་གུའི་བར་ཐག་སྙོམ་སྒྲིག་ཐེངས་དང་པོ་བྱེད་པ་དང་། ལེགས་བསྐྱར་ཞན་འདོར་དང་ཆེ་བསྐྱར་ཆུང་འདོར་གྱི་རྩ་དོན་ལྟར་སྒྲུབ་དགོས་ལ། དུས་མཚུངས་སུ། ཞིང་ཚོགས་ཀྱི་རྩྭ་ལྷམ་ཡང་གཙང་མ་བཟོ་དགོས། སྨྱུ་གུའི་བར་ཐག་སྙོམ་སྒྲིག་དང་ཆབས་ཅིག་ཏུ་རྩྭ་ལྷམ་མེད་པར་བཟོས་ནས་ས་སོབ་གསར་སྤོན་བྱེད་དགོས། ལྡང་སྨྱུག་ལ་ལོ་མ5~6ཡོད་དུས་སམ་ཐོག་མར་མེ་ཏོག་བཞད་དུས་རྩྭ་ལྷམ་གཙང་སེལ་དང་ས་སོབ་གསར་སྤོན་ཐེངས་གཉིས་པ་བྱེད་དགོས། ལི་གྲོའི་གཞུང་རྐ་སྐྱེས་ནས་ལི་སྨི50ཡས་མས་ཀྱི་མཚམས་སུ་མུ་མཐུད་དུ་རྩྭ་ལྷམ་གཙང་སེལ་ཐེངས1~2ལ་བྱེད་དགོས། ལི་གྲོའི་གཞུང་རྐ་སྐྱེས་ནས་མཐོ་ཚད་ལི་སྨི50ཡི་ཡན་ཟིན་དུས། རྩྭ་ལྷམ་གཙང་སེལ་གྱི་ཡུར་མ་ཐེངས་གསུམ་པ་ཡུར་དགོས། རྩྭ་ལྷམ་གྱི་གནས་ཚུལ་ལ་གཞིགས་ནས་གཙང་སེལ་བྱེད་དགོས་པར་མ་ཟད། ས་སོབ་པོ་བཟོ་ཞོར་ལི་གྲོའི་རྩད་པར་ས་གསར་སྤོན་དགོས།

བཞི། ཆུ་ལུད་དོ་དམ།

ལི་གྲོ་འདེབས་འཛུགས་བྱེད་དུས་གཏིང་ལུད་ལ་སྐྱེ་ལྡན་ལུད་རྫས་དང་སྐྱེ་མེད་ལུད་རྫས་མཉམ་བསྲེས་བེད་སྤྱོད་བྱེད་པ་དང་། ལུད་གཏོར་ཚད་ནི་ས་རྒྱུའི་གཤིན་ཚད་ལ་གཞིགས་ནས་གཏན་འཁེལ་བྱེད་དགོས། ལི་གྲོའི་ལོ་ལེགས་དང་ཐོན་འབོར་མོད་པོ་འགན་ལེན་བྱ་ཆེད། མེ་ཏོག་བཞད་མ་ཐག་ལོ་མའི་ངོས་སུ་ལུད་ཆུ་གཏོར་དགོས། མུའུ་རེར་པོད་ལུད་དང་ལིན་སྒྱུར་ཧེ་གཉིས་ཀྱ་བསྲེས་ཁེ50གཏོར་

ན། ལི་གྲོར"མེ་ཏོག་བཞད་ཀྱང་འབྲས་བུ་མི་སྨིན"པའི་སྣང་ཚུལ་སྟོན་འགོག་བྱེད་དགོས། ལི་གྲོ་སྐྱེ་འཕེལ་གྱི་གོ་རིམ་ཁྲོད་དུ་ཏན་ལུད་འོས་འཚམ་གཏོར་ན་ལི་གྲོའི་སྐྱེ་འཕེལ་འཚར་ལོངས་ལ་སྐྱུལ་འདེད་ཀྱི་ནུས་པ་གལ་ཆེན་ཐོན་ཐུབ།

ལི་གྲོའི་སྐྱེ་འཕེལ་དུས་རིམ་ཁྲོད་དུ་ལུགས་མཐུན་སྐོས་ཆུ་གཏོང་བ་དང་ལུད་འཇོག་དགོས། འོན་ཀྱང་གཞུང་རྟའི་སྐྱེ་སྟོབས་ལ་ངེས་པར་དུ་ཚོད་འཛིན་བྱས་ཏེ་སྟོན་མཇུག་གཞུང་རྟ་སར་འགྱེལ་བའི་གནས་ཚུལ་མི་འབྱུང་རྒྱུར་ཁག་ཐེག་བྱེད་དགོས། གལ་ཏེ་ས་རྒྱུ་ལྷོས་བཅས་ཀྱིས་ཞབ་ན། མུའུ་རེར་སྐྱེ་ལྡན་ལུད་སྟོང་ཁེ300~500དང་གཅིན་རྒྱུ་མུའུ་རེར་སྟོང་ཁེ150དང་། ཡིན་སྦྱར་ཨན་གཉིས་མུའུ་རེར་སྟོང་ཁེ20 ཟེ་སྦྱར་ཀཱ་མུའུ་རེར་སྟོང་ཁེ5 རྡུལ་བསྙལ་བྱས་པའི་ཞིང་པའི་ཁྲིམ་ལུད་མུའུ་རེར་སྨི་གྲུ་བཞི་ལྷམ་པ3ཡས་མས་བཅས་གཏོར་དགོས།

ལི་གྲོ་འདེབས་སྐབས་གཏིང་ལུད་འདང་ངེས་ཤིག་གཏོར་ཐེངས་གཅིག་གིས་གཏོར་བ་དང་། གལ་ཏེ་སྐྱེ་འཕེལ་གྱི་དུས་དཀྱིལ་དང་དུས་མཇུག་ཏུ་ལུད་རྫས་ཀྱིས་མི་འདང་བའི་གནས་ཚུལ་ཐོན་ཚེ་སྙེང་ལུད་འོས་འཚམ་བཞག་ཆོག ཕྱིར་བཏང་དུ་གཞུང་རྟའི་རིང་ཚད་སྐྱེས་ནས་ལི་སྨི40~50ལ་སླེབ་དུས་མུའུ་རེའི་སྙེང་དུ་གསུམ་བསྲེས་ལུད་རྫས་སྟོང་ཁེ10རེ་གཏོར་དགོས། ལི་གྲོར་འབྲས་བུ་སྨིན་པའི་དུས་མཇུག་ལ། ལོ་མའི་ངོས་སུ་ཡིན་ལུད་དང་ཚད་ཉུང་མ་རྒྱུའི་ལུད་རྫས་གཏོར་ན། མེ་ཏོག་བཞད་ནས་སྙེ་ཐོག་ཆགས་པ་དང་འབྲུ་ཐོག་སྨིན་རྒྱུར་ནུས་པ་ངེས་ཅན་ཐོན་ཐུབ། ལི་གྲོ་ནི་ཐན་སྐམ་ལ་འཚམ་པའི་ལོ་ཏོག་ཡིན་པས། གལ་ཏེ་ཐན་སྐྱོན་ཚབས་ཆེན་བྱུང་ན་དུས་ལྟར་ཆུ་གཏོང་དགོས།

༤། གནོད་འབྲུའི་གནོད་འཚེ་འགོག་བཅོས།

ལི་གྲོའི་སྨུ་གུར་འབུ་གསེར་ཁབ་དང་འབུ་སྟག་ཁྲའི་གནོད་འཚེ་ཕོག་སླ་བ་དང་། ཚབས་ཆེ་དུས་རྒྱ་ཁྱོན་ཆེ་ས་ནས་ཐོན་འབོར་ཇེ་ཉུང་དུ་གཏོང་བའང་

ཡོད། དེ་བས། ས་གནས་སུ་གནོད་འབུའི་གནོད་འཚེའི་སྔོན་འགོག་བྱ་ཆེད། སོན་འདེབས་བྱེད་སྐབས་ཞིང་སྨན་གཏོར་བའམ་ཡང་ན་ས་བོན་ཁྲིད་དུ་ཞིང་སྨན་བསྲེས་དགོས། ལི་ཀྲིའི་ལོ་འདབ་དང་གཞུང་རྟ། མེ་ཏོག་བཅས་ལ་གནོད་འཚེ་བཟོ་བའི་རྒྱུན་མཐོང་གནོད་འབུའི་རིགས་ལ་རྩི་འབུ་དང་། གནོད་འབུ་ལྗང་ནག སྦྲང་ནག་སོགས་ཡོད། ཕན་ནུས་ཆེ་ཞིང་དུག་ཉུང་ཞག་རིགས་འབུ་གསོད་སྨན་དང་ཨན་སྐྱུར་ཀ་བའི་ཞག་རིགས་འབུ་གསོད་སྨན་སོགས་གཏོར་ཆོག མཚོ་སྔོན་ས་ཁུལ་དུ་ལི་ཀྲིར་གནོད་འབུའི་གནོད་སྐྱོན་ཐེབས་རིགས་ཏ་ཅང་ཉུང་། གལ་ཏེ་གནོད་འཚེ་བྱུང་ཚེ་ནད་དུག་སྤྲ་འགོས་དང་ལོ་མ་ཐུལ་བ། རྩད་པ་ཐུལ་བ། རྙིད་པ། ནད་ཀྱིས་སྐམ་པ་སོགས་ཀྱི་ནད་རྟགས་མངོན་སྲིད་པས། ཅི་ཐུབ་སྤུའུ་ཅིན་དང་ནད་སྲིན་ཀུན་འཇོམས། ཕན་སྲིན་སྣ་མང་། གཉིས་ཕན་སྨན་སོགས་འབུ་གསོད་སྨན་རྫས་གཏོར་ཏེ་སྔ་མོ་ནས་འགོག་བཅོས་བྱེད་དགོས།

དྲུག གཞུང་རྟའི་འགྲེལ་ལྡོག་སྔོན་འགོག

ལི་ཀྲིའི་སྐྱེ་འཕེལ་འཚར་ལོངས་ཀྱི་བརྒྱུད་རིམ་ཧྲིལ་པོའི་ནང་དུ། རྩད་པ་གཏིང་ལ་ཟུག་པ་བརྟན་པོ་མིན་པར་མ་ཟད། ཁྲབ་ཡུལ་ཐུང་ཐར་ཐོར་ཡིན་པས། གནམ་གཤིས་མི་ལེགས་པར་འཕྲད་སྐབས་ལོ་ཏོག་གི་གཞུང་རྟ་འགྲེལ་སླ། གཞུང་རྟ་འགྲེལ་ལྡོག་ནི་རྒྱུན་ལྡན་གྱི་སྐྱེ་སྟོབས་ལ་ཐད་ཀར་དུ་ཤུགས་རྐྱེན་ཐེབས་པར་མ་ཟད། ཐ་ན་སྐམ་ནས་རྙིད་པའང་ཡོད། དེ་བས། ས་བོན་འདེབས་པའི་ཞིང་ས་འདེམ་སྐབས། རྒྱབ་རླུང་འགོག་ཐུབ་པའི་ཞིང་ས་འདེམ་དགོས་པར་མ་ཟད། ད་དུང་གཏིང་ལུད་འདང་ངེས་བཞག་སྟེ་རླུང་ཆེན་དང་ཆར་ཆེན་འགོག་པའི་ནུས་པ་མཐོར་འདེགས་སུ་གཏོང་དགོས། ལི་ཀྲིའི་ལྗང་སྨྱུག་ལ་ལོ་འདབ8ཐོགས་དུས། རྩ་ལྷུམ་དང་འདབ་ལོ་རལ་ཐུལ། གཞུང་རྟ་རྙིད་པ་རྣམས་བཏོགས་ནས་གཙང་མ་བྱས་ཏེ། བསིལ་རླུང་གི་རྒྱུ་བ་དང་ཉི་མའི་འོད་ཟེར་འཛུ་ཐུབ་པར་བྱེད་

དགོས། དེ་དང་ཆབས་ཅིག་ཏུ། རྩད་པར་ས་སྔོན་བརྒྱབ་ནས་དུས་མཐུག་ཏུ་ལོ་ཏོག་གི་གཞུང་རྟའི་འགྲེལ་ལྷོག་སྔོན་འགོག་བྱེད་དགོས།

ལི་གྲོའི་འགྲེལ་ལྷོག་སྔོན་འགོག་དང་འགོག་བཅོས་ཐད་ནས་འགྲེལ་འགོག་ཐུབ་པའི་ས་བོན་བདམས་ཚོག་ལ། འདེབས་ཚད་ཅུང་སྟུག་ཅིང་གཞུང་རྟའི་བར་ཐག་འོས་འཚམ་བྱེད་དགོས་ཤིང་། ཚན་རིག་དང་མཐུན་པའི་སྒོ་ནས་ལུད་འཇོག་པ་དང་ཆུ་གཏོང་བ། ཞིང་ཚིགས་ཀྱི་ངོ་དམ་ལ་ཤུགས་སྔོན་པ། སྐྱེ་མ་ཐོགས་པ་དང་སྨིན་པའི་དུས་སོ་སོར་ཏིན་གསུམ་པིན་སྦྱུར་དང་ཀུན་ཕན་ཙའོ། འདབ་རྒྱས་སྐྱལ་རྒྱུ་སོགས་སྐྱོམ་སྦྲིག་སྨན་གཏོར་དགོས། མེ་ཏོག་བཞད་པའི་བར་དཀྱིལ་ནས་དུས་མཐུག་ལ་ལོ་མའི་ངོས་སུ་ཟེ་སྦྱུར་ཀལ་དང་ཁིལ་འགྱུར་ཀལ་རྫས་སོགས་གཏོར་ནས་འགྲེལ་ལྷོག་སྔོན་འགོག་བྱེད་དགོས།

ས་བཅད་བརྒྱད་པ། དུས་ཐོག་སྔོན་སྒྲུད།

ལི་གྲོ་སྨིན་པའི་དུས་ལ་སླེབ་དུས། སྙེ་རྫོག་སྨིན་པའི་གནས་ཚུལ་ལ་ལྟ་ཞིབ་ནན་མོ་བྱས་ཏེ། གཞུང་རྟའི་དཀྱིལ་དང་སྨད་ཀྱི་ལོ་མ་སེར་པོ་ནས་དམར་པོར་གྱུར་ཏེ་སྐམ་པ་དང་། གཞུང་རྟའི་སྟོད་ཀྱི་ཆ་ཡང་སེར་པོར་གྱུར་ནས་ལོ་མ་མང་ཆེ་བ་ལྷུང་བ། གཞུང་རྟའི་ལྡེམ་ཤུགས་ཉམས་ནས་སྐམ་མགོ་ཚུགས་པ། སྙེ་རྫོག་མཐའ་དག་སེར་པོར་གྱུར་ནས་སྦྲ་ཚིལ་གྱི་དབྱིབས་ལྟར་གྱུར་ཡོད་ན་དུས་ཐོག་ཏུ་སྒྲུད་ལེན་བྱེད་དགོས། ལི་གྲོའི་རྒྱུ་སྤུས་ལ་ཁག་ཐེག་ཤིན་ཏུ་ཆེ། སྔོན་སྒྲུད་ཀྱི་ཡར་སྔོན་དུ་སྙེ་མ་སྙིད་པ་དང་ལྟེམ་རྩྭའི་རིགས་ཚར་གཙོད་བྱས་ཏེ་དུས་ཐོག་ཏུ་སྔོན་སྒྲུད་བྱེད་དགོས་པར་མ་ཟད། འབྲུ་རིགས་ཉེ་མར་སྐམ་ནས་ཐལ་དུ་འཇུག་མི་རུང་། སྔོན་སྒྲུད་བྱེད་དུས་མིའི་རྩོལ་བས་བྲེག་ཚོག་ལ་ཞིང་འབྲེག་འཕྲུལ་འཁོར་ལ་བརྟེན་ནས་བྲེག་ཀྱང་

ཚོག བཙན་མེད་པ་དང་རླུང་རྒྱུ་ས། བསིལ་ས་ཞིག་ཏུ་ཉར་ཚགས་བྱེད་དགོས།

འབྲིག་སྟུད་དུས་ཚོད་འཕྱི་མི་རུང་ལ་སྔ་ཡང་མི་རུང་། འབྲིག་སྟུད་སྔ་དྲགས་ན་སྐེ་མ་སྨིན་ཐག་ཆོད་མེད་པས་རུལ་སླ་བ་དང་ཐོན་འབོར་ཡང་མར་ཆགས་སྲིད། འབྲིག་སྟུད་འཕྱི་དྲགས་ན་ལོ་ཏོག་ཉལ་སླ་ཞིང་སྐེ་ཏོག་འབོར་ཆེན་ས་རུ་འཐོར་ནས་ཐོན་འབོར་དང་སྤུས་ཚད་ལ་གནོད་སྐྱོན་ཚབས་ཆེན་ཐེབས་སྲིད། འབྲིག་སྟུད་དུས་ཚོད་འཚམ་པོ་ནི་ནངས་སྔ་མོ་ཡིན་ཏེ། སྐེ་ཏོག་ལྷུང་བའི་གྱོང་གུད་ཉུང་བས་རེད། གནམ་ངོ་རུབ་པ་ནས་ཆར་འབབ་པའི་སྐབས་སུ་འབྲིག་སྟུད་བྱས་ཚེ། ལི་ཁྲོའི་འབྲུ་ཏོག་ཉར་ཚགས་བྱེད་དཀའ་ཞིང་ནད་འབུའི་གནོད་པ་འབྱུང་སླའོ། །

ལེའུ་ལྔ་པ། ལི་གྲོའི་རྒྱུན་མཐོང་ནད་འབྲུའི་གནོད་འཚེ་དང་འགོག་བཅོས།

ས་བཅད་དང་པོ། ལི་གྲོའི་གནོད་སྐྱོན།

ལི་གྲོའི་ནད་འབྲུའི་འགོག་བཅོས་ཐད་ནས“སྔོན་འགོག་གཙོ་བོ་དང་ཕྱོགས་ཡོངས་འགོག་བཅོས་གཙོ་བོ་དང་། ཞིང་ལས་ཀྱི་འགོག་བཅོས་དང་དངོས་ལུགས་ཀྱི་འགོག་བཅོས། རྫས་འགྱུར་གྱི་འགོག་བཅོས་ཕལ་བ”ཟ་དོན་རྒྱུན་འཁྱོངས་བྱེད་དགོས། ཐོག་མར་ནད་འགོག་ནུས་པ་ཅན་གྱི་ས་བོན་བདམས་ནས་མ་བཏབ་པའི་སྔོན་ལ་དུག་སེལ་ནན་མོ་བྱེད་པ་དང་། ཞིང་སར་གནོད་འབྲུ་འབྱུང་སླ་བའི་ས་ཁུལ་དུ་ས་བོན་ལ་ཐུམ་སྒྲིལ་གང་ལེགས་བྱས་ཏེ། ནད་འབྲུའི་གནོད་འཚེ་མེད་པའི་མྱུ་གུ་སྐྱེ་སྟོབས་ཅན་གསོ་སྐྱེལ་བྱེད་དགོས་ཤིང་། དུས་ཐོག་ཏུ་གཞུང་རྩ་ནད་དུག་ཅན་དང་ལོ་འདབ་ནད་དུག་ཅན་གཙང་སེལ་བྱེད་དགོས། གནོད་འབྲུའི་སྐྱེ་དངོས་རིག་པའི་ཁྱད་ཆོས་གཞིར་བཟུང་སྟེ་ཤིང་ལེབ་སེར་པོས་གནོད་འབྲུར་བསླུ་བྲིད་གཏོང་བ་དང་ཆགས་སྐྱོང་སྨན། འདར་རླབས་རྣམ་པའི་འབྲུ་གསོད་སྒློག་སྒྲོན་སོགས་སྤྱད་དེ་དངོས་ལུགས་ཀྱི་འགོག་བཅོས་བྱེད་ཐབས་སྤྱད་ཆོག

ལི་གྲོའི་ཕྱི་ཤུན་དུ་འདག་རྒྱུ་འདུས་པ་དང་། ལི་གྲོ་ལ་ལྷན་སྐྱེས་ཀྱི་ནད་འབྲུ་སྣ་ཚོགས་འགོག་པའི་ནུས་པ་ལྡན་པས། ལི་གྲོར་གནོད་འབྲུའི་གནོད་འཚེ་ཕོག་

སྨྲ་བའི་ཆ་ནི་གཞུང་རྟ་དང་ལོ་མ་ཡིན་ལ། ལི་གྲིའི་གཞུང་རྟ་དང་ལོ་མ་ནི་གནོད་འབྲུ་མང་ཆེ་ཤོས་ཀྱི་ཟས་མཆོག་ཀྱང་ཡིན་པས། ནད་འབྲུའི་གནོད་འཚེ་ལ་འགོག་བཅོས་ནན་མོ་བྱེད་དགོས།

ནད་འབྲུའི་གནོད་འཚེ་ལ་ཐུས་འགྱུར་གྱིས་འགོག་བཅོས་བྱེད་སྐབས། ཐོག་མར་དུག་ཚད་དམའ་བའི་ཞིང་སྨན་གཏོར་བ་དང་། ཞིང་སྨན་འདི་དག་ཅུང་ཞུ་བར་བྱས་ཏེ་ལི་གྲོ་ལ་ལྡོག་ཕྱོགས་ཀྱི་ཤུགས་རྐྱེན་མི་ཐེབས་པ་ཁག་ཐེག་བྱེད་དགོས། མིག་སྔར་སླན་ཞུ་ལ་འབྱོར་བའི་ལི་གྲིའི་ནད་དུག་ལ་སྐོགས་ཤུན་ཐུམ་གཉིས་འདབ་ལོ་རུལ་བའི་ནད་དུག་དང་ཐུམ་རྣོན་འདབ་ལོ་རུལ་བའི་ནད་དུག མེ་གླིང་ལྷོ་མའི་ལི་གྲིའི་ནད་ཐིག་ནད་དུག མེ་གླིང་ལྷོ་མའི་ལི་གྲིའི་འདབ་ལོ་རུལ་བའི་ནད་དུག མེ་གླིང་ལྷོ་མའི་ལི་གྲིའི་སླེ་མ་སྐམ་པའི་ནད་དུག མེ་གླིང་ལྷོ་མའི་ལི་གྲིའི་མདོག་འགྱུར་བའི་ནད་དུག ལི་གྲིའི་གཅོང་འདྲིས་ནད་དུག མེ་གླིང་ལྷོ་མའི་ལི་གྲིའི་ལོ་འདབ་རུལ་བའི་ནད་དུག མེ་གླིང་ལྷོ་མའི་ལི་གྲིའི་སད་ཏམ་ནད་དུག གཞུང་རྟ་ནག་འགྱུར་ནད་དུག འབྲུ་སྲིན་གྱི་ནད། རྩད་པའི་རུལ་འགྱུར་ནད། ས་ལོག་ནད་སོགས་ཡོད། དེའི་ཁྲོད་ཀྱི་སད་ཏམ་ནད་དང་འདབ་ལོ་རུལ་བའི་ནད་དུག་གཉིས་ནི་རང་རྒྱལ་གྱི་ལི་གྲོ་འདེབས་འཛུགས་ཀྱི་གནོད་འཚེ་ཆེས་ཆེ་ཤོས་གཉིས་ཡིན།

གཅིག ལི་གྲིའི་སད་ཏམ་ནད་དུག

(གཅིག) ནད་རྟགས།

ལི་གྲིའི་སད་ཏམ་ནད་དུག་གི་ནད་རྟགས་ནི་འདབ་ལོའི་སྟེང་དུ་ཐོག་མར་ཁྲ་ཐིག་ཆུང་ངུ་དང་མཐའ་འཁོར་གསལ་པོ་མིན། དེའི་འཁོར་ཁྲ་ཐིག་ཇེ་ཆེར་སོང་སྟེ་དབྱིབས་འདྲ་མིན་གྱི་ནད་དུག་ནི་ཞོལ་ནས་གྱེན་ལ་ཆེས་ཆེར་འགྲོ། ཐན་པ་ཆེ་དུས་ལོ་མ་སེར་པོར་གྱུར་པ་དང་། བརླན་གཤེར་ཆེ་དུས་རྙིད་ནས་རུལ་ངེས། ཚབས་ཆེ་

དུས་གཞུང་རྟ་དང་ལོ་མ་ཚང་མ་སེར་པོར་གྱུར་ནས་སྐམ་འགྲོ་བ་ཡིན།

ལི་གྲོའི་སད་ཏམ་ནད་ནི་འཛམ་གླིང་གི་ས་ཆ་སོ་སོར་བྱུང་བའི་ནད་དུག་རིགས་ཤིག་ཡིན་ལ། བརྟན་གཤེར་འདེབས་འཛུགས་ས་ཁུལ་ལ་ཡོངས་ཁྱབ་ཏུ་བྱུང་སྲིད། ནད་དུག་དེའི་རིགས་རང་རྒྱལ་གྱི་ལི་གྲོ་འདེབས་འཛུགས་ས་ཁུལ་མང་པོ་ཞིག་ཏུ་བྱུང་ནས་གནོད་སྐྱོན་ཚབས་ཆེན་ཐེབས་མྱོང་། ལི་གྲོའི་སད་ཏམ་ནད་དུག་ནི་གཞུང་རྟ་དང་ལོ་འདབ་ལ་འགོ་བ་ལས་གཞན། ད་དུང་ལོ་མ་རྙིད་ནས་སྙེ་རྡོག་ལྷུང་སྟེ་འབྲུ་རྡོག་བསྡུ་རྒྱུ་མེད་པར་ཆགས་ངེས། ཚབས་ཆེ་སར95%ཡན་གྱི་ནད་དུག་ཕོག་སྟེ། ཐོན་འབོར40%ཡས་མས་མར་ལྷུང་བའང་ཡོད། ལི་གྲོའི་སད་ཏམ་ནད་དུག་ཚབས་ཆེན་འབྱུང་སའི་འདེབས་འཛུགས་ས་ཁུལ་དུ་འབྲུ་རྡོག་གཅིག་ཀྱང་བསྡུ་རྒྱུ་མེད་པའི་གྲོང་གྲུད་ཡང་བྱུང་མྱོང་ཡོད།

འདེབས་འཛུགས་ས་ཁུལ་སོ་སོ་ནས་བྱུང་བའི་ལི་གྲོའི་སད་ཏམ་ནད་དུག་གི་འབུ་ཕྲའི་ཚོམས་ཀྱང་མི་འདྲ་སྟེ། ལི་གྲོའི་རིགས་མི་འདྲ་བ་ལ་སད་ཏམ་ཕོག་སྐབས་ཀྱི་རྟགས་མཚན་ཡང་མི་འདྲ། ལོ་མ་ཁ་ཤས་ཀྱི་སྟེང་དུ་ཐུལ་ཐིག་དམར་སྐྱའི་རིམ་པ་མངོན་གསལ་ཡོད་པས། དུས་མཇུག་ཏུ་ལོ་མ་སྐམ་ནས་ལྷུང་མཐར་སླེ་མ་སྟོང་པར་འགྱུར་བ་ཡིན། ཁ་ཤས་ཀྱི་སྟེང་དུ་སེར་ཐིག་ལྷུང་ངེས། སད་ཏམ་ནད་དུག་གི་ནད་རྟགས་ནི་ཐོག་མའི་དུས་ལ་ལོ་མའི་ངོས་སུ་དབྱིབས་མི་འདྲ་བའི་ཁྲ་ཐིག་དང་སེར་པོར་འབྱུང་བ་དང་། ནད་དུག་འགོས་མེད་པའི་འབྲེལ་མཚམས་གསལ་པོ་ཡིན་ལ། སྐབས་རེར་ལོ་མའི་སྟེང་དུ་སྐྱ་མདོག་དང་ཐུལ་ཐིག་འབྱུང་བ་ཡིན། ནད་ཕོག་པའི་དུས་དཀྱིལ་ལ་ལོ་མའི་ངོས་གཉིས་སུ་ནད་རྟགས་མི་འདྲ་བ་ཐོན་ནས་མདུན་ངོས་དམར་ཁྲ་དང་རྒྱབ་ངོས་སུ་ཐུལ་ཐིག་སེར་པོར་འབྱུང་སྲིད། ནད་ཕོགས་པའི་དུས་མཇུག་ལ་ལོ་མ་སྐམ་ནས་འཐོར་འགྲོ་བ་དང་། ལོ་མ་ཐུལ་བའི་རྐྱེན་གྱིས་འོད་བརྙེན་ནུས་པ་ཉམས་ནས་ལི་གྲོའི་ཐོན་སྐྱེད་ལ་གྱོང་གུན་ཐེབས་ངེས།

(གཉིས) འགོག་བཅོས་བྱེད་ཐབས།

ལི་གྲོའི་སད་ཏམ་ནད་འབུ་ནི་གཙོ་བོར་ཆར་ཆུ་དང་རླུང་ལ་བརྟེན་ནས་འཕྲུང་བ་དང་དྲོད་ཚད་མཐོ་བའི་དུས་སུ་འཕྲུང་སླ། སད་ཏམ་ནད་འགོག་བཅོས་བྱེད་སྐབས། ནད་དུག་རྩ་བའི་ཆ་ནས་འགོག་བཅོས་བྱེད་དཀའ་བས། སྔོན་འགོག་རང་བཞིན་ལྡན་པའི་ས་བོན་དང་ལུགས་མཐུན་གྱི་འདེབས་འཛུགས་བྱེད་ཐབས་འདེམ་སྟེ། འཚོ་བཅུད་དོ་དམ་དང་འདེབས་འཛུགས་ཀྱི་འདུས་ཚད་ཐད་ཚོད་འཛིན་སོགས་ཀྱི་བྱེད་ཐབས་སྤྱད་ནས་འགོག་བཅོས་བྱེད་དགོས། ཞིང་ཁའི་བརླན་གཤེར་ཇེ་ཆུང་དུ་བཏང་ནས་ཞིང་ཁའི་རྣང་ཚོགས་ཀྱི་དགོས་མཁོ་ལྟར་ཆུ་གཏོང་དགོས། དེ་དང་ཆབས་ཅིག་ཏུ། གཞུང་རྟར་གནོད་འཚེ་གཏོང་བའི་ལྷུམ་རྩྭ་དང་ངན་བསྐྱེད་འབུ་ཕྲའི་འཕྲུང་ཁུངས་ཇེ་ཉུང་དུ་གཏོང་དགོས།

ལི་གྲོར་སད་ཏམ་ནད་དུག་གི་གནོད་འཚེ་ཐེབས་དུས། 50%ཡི་ཏུའོ་ཅིན་ལིན་བཙན་ཉུང་རང་བཞིན་གྱི་སྨན་ཕྱེ་པའི་ཡིས600~800ཡི་གཤེར་ཁུའི་ནང་དུ་བསྲེས་པའམ་ཡང་ན66.8%མའི་ཏུའོ་ཁེ་བཙན་ཉུང་རང་བཞིན་གྱི་སྨན་ཕྱེ་པའི་ཡིས800~1000གཤེར་ཆུའི་ནང་དུ་བསྲེས་ནས། སྨན་ཆུ་གཞུང་རྟའི་ལོ་མའི་རྒྱབ་ངོས་སོགས་སུ་གཏོར་ནས་འགོག་བཅོས་བྱེད་དགོས། གཞན་ཡང80%ཞི་ཤན་ལའོ་ལིན་ཆུ་ཐོར་རིལ་སྨན་པའི་ཡིས2000~3000སྨན་ཆུ་གཏོར་ནས་འགོག་བཅོས་བྱས་ཆོག་ལ། ད་དུང25%སོན་ཙུན་ཀྲི་གཡིང་སྨན་པའི་ཡིས1000~2000གི་གཤེར་ཁུ་དང80%གཅིན་རྒྱུ་ཆིན་ཆུ་ཐོར་རིལ་སྨན་པའི་ཡིས2500གཤེར་ཁུ། 25%ཅིང་ཟླ་ཧྲོང་ལིང་པའི་ཡིས200~2500ཡི་གཤེར་ཁུ། སད་ཏམ་གཉིན་པོ་པའི་ཡིས600ཡི་གཤེར་སྨན་བཅས་གཏོར་ནས་འགོག་བཅོས་བྱས་ཆོག

གཉིས། ལི་གྲོའི་རྩད་པ་རུལ་འགྱུར་ནད།

(གཅིག) ནད་རྟགས།

ལི་གྲོའི་རྩད་པ་རུལ་འགྱུར་ནད་ནི་གཙོ་བོར་འབུ་སྲིན་དང་སྐྲང་འབུ། འབུ་ཕྲ་བཅས་ཀྱིས་བསྣུངས་པ་དང་། གཞུང་རྟའི་རྩད་པར་གནོད་འཚེ་བཏང་ནས་རྩད་པ་རུལ་འགྱུར་གྱིས་གཞུང་རྟའི་རྣན་ཚད་དང་འཚོ་བཅུད་སྣ་ཚོགས་འདྲེན་ཡོང་མགོ་སྤྲོད་བྱེད་མི་ཐུབ་པ། ལོ་མ་ནག་པོ་ནས་སེར་པོར་འགྱུར་བ། ཚབས་ཆེ་དུས་གཞུང་རྟ་སྐམ་ནས་རྙིད་སྲིད་ཅིང་། ནད་དུག་འདིས་རྩད་པར་གནོད་པ་ཐེབས་སླ་ཞིང་། མང་ཆེ་བ་རྩད་པ་ནས་མགོ་བརྩམས་ཏེ་རུལ་མགོ་ཚུགས་པ་དང་། གཞུང་རྟའི་ཁ་དོག་འགྱུར་ཏེ་མཐར་རྩད་པ་དང་གཞུང་རྟ་ཡོད་ཚད་རུལ་འགྲོ་བ་ཡིན།

(གཉིས) འགོག་བཅོས་བྱེད་ཐབས།

ལི་གྲོའི་རྩ་རུལ་ནད་དུག་ནི་གཙོ་བོ་ཟླ7~8པར་འབྱུང་བ་དང་ཆར་ཆུ་མང་ཞིང་གནམ་གཤིས་བརྟན་པར་གྱུར་ཏེ། ས་རྒྱུའི་དབུགས་འཕྱིན་རང་བཞིན་ཅུང་ཞན་པ་བཅས་ཀྱི་དབང་གིས་ནད་འབུ་མགྱོགས་མྱུར་ངང་གཞུང་རྟའི་བར་གསེང་དུ་འཛུལ་བ་ཡིན། ནད་འདིར་འགོག་བཅོས་བྱེད་སྐབས། ཐོག་མར་ཆར་བབས་རྗེས་དུས་ཐོག་ཏུ་ཆུ་ཕྱིར་ཕུད་དེ། ནད་སྲིན་གྱིས་ཟིན་པའི་གཞུང་རྟ་གཙང་སེལ་བྱེད་དགོས་པར་མ་ཟད། འདབ་ལོའི་སྟེང་གི་ནད་སྲིན་གྱིས་བསྐྱེད་པའི་བུ་ག་དག་ལ་རྫེ་ཐལ་གཏོར་ནས་འབུ་ཕྲ་བསད་དེ་ནད་དུག་གི་ཁྱབ་ཚད་ཇེ་ཆུང་དུ་གཏོང་དགོས། ལུད་འཇོག་སྐབས་རུལ་བསྐྱལ་གང་ལེགས་བྱས་པའི་སྐྱི་ལྷན་ལུད་སྤྲོད་དགོས་པར་མ་ཟད། ཏན་དང་ལིན། ཙྪ་ལུད་བཅས་བསྲེས་ནས་བཀོལ་དགོས། ནད་འབྱུང་དུས98%ཡི་སད་ཏམ་བརྟན་ཉུང་རང་བཞིན་གྱི་སྨན་ཕྱེ་པའི་ཡིས2000གཤེར་ཁུའི་གདམ་པའམ་ཡང་ན45%ཐྲུ་ཁེ་ཏུའོ་གཡེང་བྱེད་རྫས་པའི་ཡིས1000གྱི་གཤེར་ཁུ་བཀོལ་ནས་གཞུང་རྟའི་རྩད་པ་དང་ལོ་མའི་སྟེང་དུ་གཏོར་དགོས་ཤིང་། ནད་

སྲིན་གཙང་སེལ་གཏོང་དགོས། གལ་ཏེ་རྩད་པ་ཏུལ་འགྱུར་ཚབས་ཆེ་ན། ཚེ་སྲོག་ཨང་དང་པོའམ་ཡང་ན་ཙཱ་ཏོང་ཞན་ཧླམ་ཤིང་རྩད་པར་གཏོར་ནས་འགོག་བཅོས་བྱེད་དགོས།

གསུམ། ལི་གྲོའི་ས་སྐྱོན་ནད།

(གཅིག) ནད་རྟགས།

ལི་གྲོའི་ས་སྐྱོན་ནད་ནི་རང་རྒྱལ་གྱི་འདེབས་འཛུགས་ས་ཁུལ་ཁྱུང་ཤས་ནས་འབྱུང་བ་དང་། གཙོ་བོ་ལི་གྲོའི་ལོ་མ་དང་གཞུང་རྟར་གནོད་འཚེ་ཐེབས་ངེས། ལོ་འདབ་ལ་ནད་སྲིན་འགོས་ཚེ་ཐོག་མར་ཁྲ་ཐིག་སྔོར་མོ་འབྱུང་བ་དང་། རྗེས་སུ་རིམ་བཞིན་ཆེ་རུང་ངེས་མེད་ཀྱི་དབྱིབས་སུ་གྱུར་སྲིད། གནོད་འཚེ་ཚབས་ཆེན་ཕོག་པའི་གཞུང་རྟ་དང་ལོ་མར་ཁྲ་ཐིག་གིས་ཁེབས་ནས་ལོ་འདབ་ཏུལ་ནས་སྐམ་འགྲོ། གཞུང་རྟར་ནད་སྲིན་ཕོག་པའི་ཐོག་མའི་དུས་ནི་ཆུ་དྲིག་དབྱིབས་དང་། ཚབས་ཆེ་དུས་ནད་འབྱུང་སའི་གཞུང་རྟ་དང་ལོ་མ་རྙིད་ནས་སྐམ་འགྲོ།

(གཉིས) འགོག་བཅོས་བྱེད་ཐབས།

ནད་སྲིན་འདི་འགོག་བཅོས་བྱེད་དུས་སོན་འདེབས་མ་བྱས་པའི་སྔོན་ལ་ས་བོན་དྲོད་ཚད50℃ཡས་མས་ཀྱི་ཆུ་དྲོན་མོའི་ནང་དུ་སྦངས་ནས་སྐར་མ15ཙམ་ལ་འཇོག་དགོས། ནད་སྲིན་འགོས་རྗེས་དུས་ལྟར་གཙང་སེལ་དང་ལོ་མ་ཏུལ་བ་མེད་པར་བཟོ་དགོས། དེ་མིན40%ཡི་རྫ་ཞིན་སྦྲིས་མ་པའི་ཡིས8000གཤེར་ཁུ་ཉིན7~10བར་དུ་ཐེངས་གཅིག་ལ་སྦྱུད་དེ་བསྟུད་མར་ཐེངས1~3ལ་གཏོར་ནས་འགོག་བཅོས་བྱེད་དགོས།

བཞི། ལི་གྲོའི་གཞུང་རྟ་ནག་པོའི་ནད།

(གཅིག) ནད་རྟགས།

ལི་གྲོའི་གཞུང་རྟ་ནག་པོའི་ནད་ནི་སྤྱིར་བཏང་དུ་གཞུང་རྟ་དང་སྙེ་མ་ཐོན་

རྗེས། གཞུང་རྟའི་རྩད་པར་ནད་རྟགས་མངོན་ནས། ཐོག་མར་ཁ་དོག་སྐྱ་བོ་དང་རྗེས་སུ་ནད་ཐིག་ཁྲ་བོ་ནས་ནག་པོ་རུ་འགྱུར་ལ། དབྱིབས་ངེས་མེད་དང་ནད་ཚབས་ཆེ་དུས་གཞུང་རྟ་ཧྲིལ་པོར་ཁེབས་ནས་རིམ་བཞིན་ཁ་དོག་འགྱུར་ནས་སྐམ་སྲིད། ལི་ཀྲོའི་གཞུང་རྟ་ནག་པོའི་ནད་རྟགས་ཀྱིས་གཞུང་རྟའི་རྩད་པ་ཡོངས་སུ་རུལ་ནས་སྐམ་འགྲོ་ངེས།

(གཉིས) འགོག་བཅོས་བྱེད་ཐབས།

ལི་ཀྲོའི་གཞུང་རྟ་ནག་པོའི་ནད་སྲིན་ནི་ཆར་རླུང་ལ་བརྟེན་ནས་འགོས་ཁྱབ་བྱེད་བཞིན་ཡོད་ལ། སྤྱིར་བཏང་དུ་ཆར་པ་བབས་རྗེས་ཆུ་བསགས་སླ་བའི་གཤོང་སའམ་ས་རྒྱུའི་འདེབས་ཁྲོན་ཆེ་ཞིང་སྐྱེ་ཚུལ་ཞན་པའི་ས་ཆར་གནོད་སྐྱོན་ཐོགས་ཚབས་ཆེ། 0.5%ཡི་ཐླ་སའོ་ལིང+2.5%ཨུག་མེ་ལིང་། 60%ཡི་ཕུན་སྙི་ཅར་ཙོའོ+40%ཡི་ཟར་ཐུན་ཀྱི། 10%ཡི་སྦྲུལ་སེལ་ཙའོ་བཅས་ནད་འབུ་ཡོད་སར་གཏོར་ནས་འགོག་བཅོས་བྱེད་དགོས།

༣། ལི་ཀྲོའི་ལོ་མའི་སྙིང་གི་ཁྲ་ཐིག

(གཅིག) ནད་རྟགས།

ལི་ཀྲོའི་ལོ་མའི་སྙིང་གི་ཁྲ་ཐིག་གིས་འདེབས་འཛུགས་ས་ཁུལ་མི་འདྲ་བར་ཐེབས་པའི་གནོད་འཚེ་ཡང་མི་འདྲ་བ་ཡིན། ནད་དུག་འདིའི་མཚོན་རྟགས་ནི་ལི་ཀྲོའི་ལོ་མའི་སྙིང་སྒོར་དབྱིབས་སམ་སྒོར་དབྱིབས་དང་འདྲ་བའི་ཁྲ་ཐིག་ཐོན་གྱིན་ཡོད་པ་དང་། ཚངས་ཐིག་ལ་ཏའོ་སྨི1~4ནད་སྲིན་ཐེབས་པའི་མཐའ་ནི་སྨུག་པོ་དང་དཀྱིལ་དབུས་སེར་པོ། སྙིང་དུ་ནག་ཐིག་ཆུང་ངུ་བཅས་སྐྱེས་ཡོད། ནད་སྲིན་ཐོག་པའི་དུས་མཇུག་ཏུ། དཀྱིལ་དབུས་སུ་བུ་ག་བརྗོལ་ངེས། ལི་ཀྲོའི་ཁྲ་ཐིག་གི་ནད་སྲིན་ལ་རིགས་གསུམ་ཡོད་པ་སྟེ། སོ་སོ་ནི་ཕྱེབ་མཐུན་འབུ་ཕྲ་དང་ཕྲ་ཕྱུང་མཐུད་སྣེ་འབུ་ཕྲ། ཡུན་ཡུའི་ཕྱེབ་མཐུན་འབུ་སྲིན་བཅས་ཡིན། ནད་འབྱུང་མ་ཐག

ཁ་དོག་སེར་པོ་དང་མཇུག་ཏུ་སྨུག་པོར་འགྱུར་བ་ཡིན། ནད་ཚབས་ཆེ་དུས་དཀྱིལ་དུ་ནད་ཐིག་མངོན་པ་དང་། ནད་ཐིག་གི་ཆེ་ཆུང་མི་འདྲ་བ་བཅས་ཡིན། ལི་གྲོའི་ལོ་མའི་སྙིང་གི་ཁྲ་ཐིག་ནི་ཐོག་མར་གཞུང་རྩའི་འདབས་ཀྱི་ལོ་མའི་སྙིང་དུ་འབྱུང་བ་དང་རིམ་གྱིས་གཞུང་རྩ་ཧྲིལ་པོར་ཁྱབ། ནད་སྲིན་འབྱུང་ས་ཐག་ཁྲ་ཐིག་ནི་སྐོར་དབྱིབས་དང་སྐོར་དབྱིབས་ལ་ཉེ་ཞིང་སེར་པོ་ཡིན། དུས་མཇུག་ལ་ནད་ཤུལ་གྱི་ཁྲ་ཐིག་སྨུག་མདོག་ཡིན་ལ། ཕྱི་ངོས་ཅུང་འབུར་ཞིང་སྙིང་དུ་དུག་ཅུལ་གྱི་རིམ་པ་ཞིག་འབྱར་ཡོད། དཀྱིལ་དབུས་མདོག་སྐྱ་བོ་ནས་མཐའ་འཁོར་ལ་སེར་ཐིག་ཆགས་ཡོད། ཚངས་ཐིག་གི་ཆེ་ཆུང་ལ་ཧའོ་སྨི3.9~7.6ཡོད་པས། ཆ་སྙོམས་ཧའོ་སྨི5.4ཡིན། ཚབས་ཆེ་དུས་ནད་དུག་གི་དབང་གིས་སེར་པོ་ཀྱུར་ཏེ་མཇུག་མཐར་སྐམ་ནས་ཧྲེད་སྲིད།

(གཉིས) འགོག་བཅོས་བྱེད་ཐབས།

ལི་གྲོའི་ལོ་འདབ་ཀྱི་ཁྲ་ཐིག་ནི་གཙོ་བོར་ཆར་དུས་སུ་འབྱུང་བ་མང་ཞིང་། 43%ཙ་ཙོ་ཕྲུན་ལྷབ3000~4000བར་གྱི་གཤེར་ཁུ་དང་། 23%ཕི་ཙོ་ཟར་འབུ་ཕྲའི་ཞག་པའི་ཡིས1500ཡི་གཤེར་ཁུ། 40%ཡི་ཕུན་སྨི་ཙ་ཙོ་པའི་ཡིས1200ཡི་གཤེར་སྨན་དུ་བཟོས་ནས་གཏོར་ཏེ་འགོག་བཅོས་བྱེད་དགོས་པར་མ་ཟད། ཞིང་སྨན་དེ་དག་བརྗེ་རེས་བྱས་ནས་བེད་སྤྱོད་བྱེད་དགོས། གལ་ཏེ་གཞུང་རྩ་གཅིག་ལ་དུས་གཅིག་ཏུ་སད་ཏམ་ནད་དང་ལོ་ཁྲའི་ནད། གཞུང་རྩ་ནག་འགྱུར་ནད་དུག་བཅས་འགོས་ན། 25%ཡི་པི་ཙའོ་ཟར་སྲིན་ཚོལ་ཞག་དང་ཡང་ན25%པི་ཙའོ་སྨི་ཙུན་ཀྲི་མཉམ་བསྲེས་ཞིང་སྨན། 80%སེན་ཤན་ཨེ་ལིན་བཅས་བཀོལ་ཆོག

ས་བཅད་གཉིས་པ། ལི་གྲོའི་གནོད་འབུ།

གཅིག ལི་གྲོའི་གནོད་འབུ་གཙོ་བོ།

ལི་གྲོ་འདེབས་འཛུགས་ས་ཁུལ་གྱི་གནོད་འབུ་གཙོ་བོར་ས་སྟེང་གི་གནོད་འབུ་དང་ས་འོག་གི་གནོད་འབུ་རིགས་གཉིས་ཡོད། ས་འོག་གི་གནོད་འབུ་ནི་འབུ་སྐྲོགས་དང་ས་འབུ་དཀར་པོ། འབུ་གསེར་ཁབ། ས་འབུ་སྨུག་ཁྲ། འབུ་སེར་སྐྲེ་རིང་སོགས་ཡོད། ས་སྟེང་གི་གནོད་འབུ་ལ་ཏུས་སྦྲལ་སེར་པོ་དང་སྲན་འབུ་སྦོ་ལེབ། ཚལ་འབུ་མེ་ལྕེབས་སོགས་ཡོད། འབུ་སྐྲོགས་དང་ས་འབུ་སྨུག་ཁྲ། ས་སྨུག་གྲོག་མ་སོགས་ས་འོག་གི་གནོད་འབུས་ལི་གྲོར་སྨྱུ་གུའི་དུས་སུ་གནོད་འཚེ་གཏོང་བཞིན་ཡོད་ལ། གཙོ་བོ་སྨྱུ་གུའི་རྩད་པ་ཟོས་སྟབས་སྨྱུ་གུ་སྐམ་འགྲོ་བ་ཡིན། སྲན་འབུ་སྦོ་ལེབ་དང་ཏུས་སྐྲོགས་སེར་པོ། ཚལ་འབུ་མེ་ལྕེབ་སོགས་ས་སྟེང་གི་གནོད་འབུས་ལི་གྲོའི་འཚར་ལོངས་སྐབས་སུ་ལོ་མ་ལ་གནོད་འཚེ་བཏང་སྟེ་ལོ་མ་ཟ་བ་དང་། གནོད་འབུའི་གནོད་འཚེ་ཚབས་ཆེ་དུས་ལོ་མ་ཡོད་ཚད་ཟོས་ཚར་བའི་དུས་ཀྱང་ཡོད།

གཉིས། གནོད་འབུའི་གནོད་འཚེ་འགོག་བཅོས་ཐབས་ལམ།

ལི་གྲོའི་གནོད་འབུ་འགོག་བཅོས་བྱེད་པར་ཉེ་ནུས་འབུ་གསོད་གློག་སྒྲོན་སྒྲིག་འཛུག་བྱས་ཏེ། གནོད་འབུའི་འོད་འགྱུར་རང་བཞིན་སྤྱད་དེ་བསླུས་ནས་གསོད་དགོས་པར་མ་ཟད། སྐྱེ་དངོས་ཞིང་སྨན་གྱིས་འགོག་བཅོས་བྱས་ཀྱང་ཆོག ཡིན་ཡང་སོན་འདེབས་མ་བྱས་སྔོན་དུ་སྨུའུ་རེར་ཤིན་ལིའུ་ལིན་སྨན་ཁེ5དང་ཡང་ན་ཁེ་པའི་ལྷེ་ཁྲིམ་ལུད་བསྲེས་ནས་འགོག་བཅོས་བྱེད་དགོས། ཨོན་ཀྱང་ལི་ཞི་ལིའུ་ལིན་རིལ་བུ་ཐད་ཀར་གཏོར་ན་ལི་གྲོའི་སྨྱུ་གུར་དུག་སྐྱོན་ངེས་ཅན་ཞིག་ཐེབས་སྲིད་དོ། །